I0473175

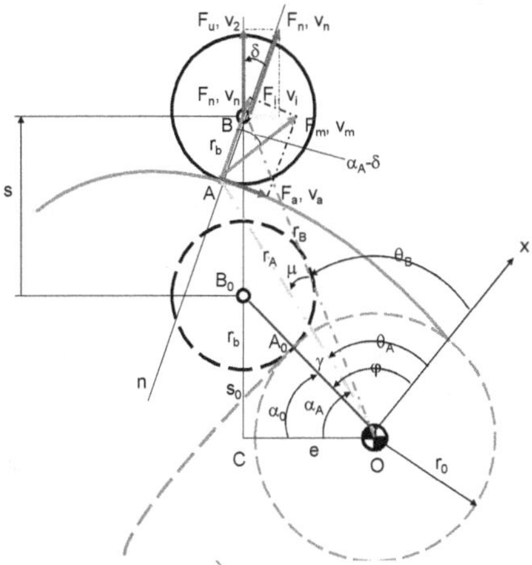

© 2002 Florian PETRESCU
The Copyright-Law
Of March, 01, 1989
U.S. Copyright Office
Library of Congress
Washington, DC 20559-6000
202-707-3000

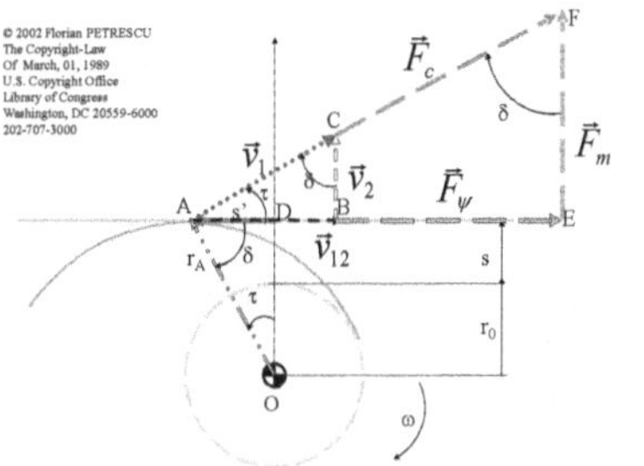

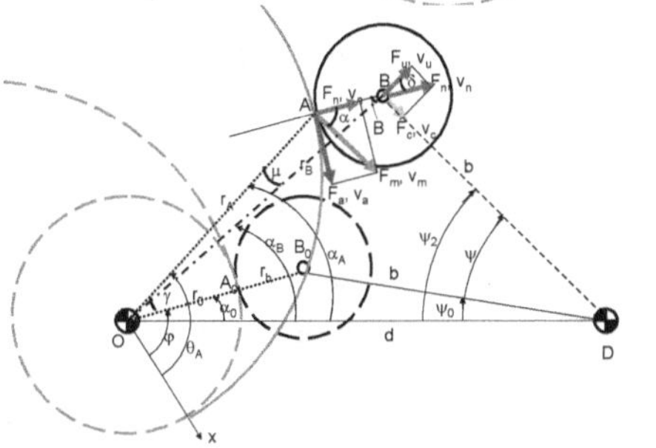

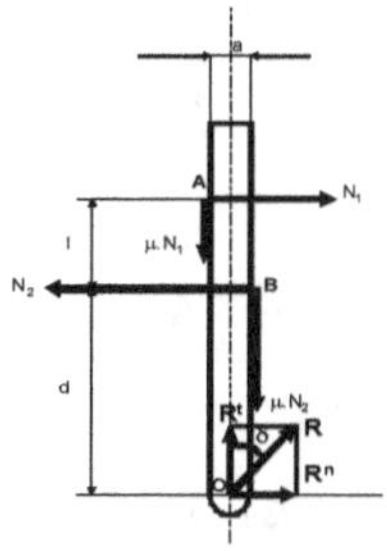

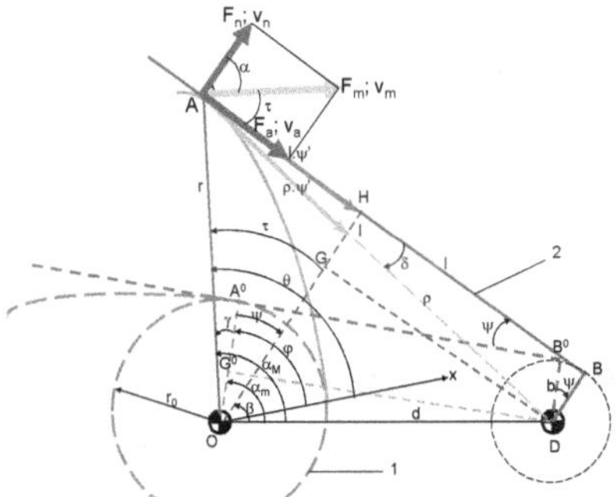

You are welcome to read the full book!
The author.

Sunteți invitați să citiți întreaga carte!
Autorul.

CUPRINS

Florian Ion T. PETRESCU

BAZELE ANALIZEI ȘI OPTIMIZĂRII SISTEMELOR CU MEMORIE RIGIDĂ

-CURS ȘI APLICAȚII-

-USA 2012-

Scientific reviewer:

Dr. Veturia CHIROIU
Honorific member of
Technical Sciences Academy of Romania (ASTR)
PhD supervisor in Mechanical Engineering

Copyright

Title book: Bazele Analizei si Optimizarii Sistemelor cu Memorie Rigida

Author book: Florian Ion T. PETRESCU

© 2012, Florian Ion T. PETRESCU

petrescuflorian@yahoo.com

ALL RIGHTS RESERVED. This book contains material protected under International and Federal Copyright Laws and Treaties. Any unauthorized reprint or use of this material is prohibited. No part of this book may be reproduced or transmitted in any form or by any means, electronic or mechanical, including photocopying, recording, or by any information storage and retrieval system without express written permission from the author / publisher.

ISBN 978-1-4700-2436-9

1. UN SCURT ISTORIC AL MECANISMELOR DE DISTRIBUŢIE LEGAT DE ISTORICUL MOTORULUI OTTO ŞI DE CEL AL AUTOMOBILULUI

1.1. Apariţia şi dezvoltarea motoarelor cu ardere internă, cu supape, de tip Otto sau Diesel

În anul 1680 fizicianul olandez, Christian Huygens proiectează primul motor cu ardere internă.

În 1807 elveţianul Francois Isaac de Rivaz inventează un motor cu ardere internă care utiliza drept combustibil un amestec lichid de hidrogen şi oxigen. Automobilul proiectat de Rivaz pentru noul său motor a fost însă un mare insucces, astfel încât şi motorul său a trecut pe linie moartă, neavând o aplicaţie imediată.

În 1824 inginerul englez Samuel Brown adaptează un motor cu aburi determinându-l să funcţioneze cu benzină.

În 1858 inginerul de origine belgiană *Jean Joseph Etienne Lenoir*, inventează şi brevetează doi ani mai târziu, practic primul motor real cu ardere internă cu aprindere electrică prin scânteie, cu gaz lichid (extras din cărbune), acesta fiind un motor ce funcţiona în doi timpi. În 1863 tot belgianul Lenoir este cel care adaptează la motorul său un carburator făcându-l să funcţioneze cu gaz petrolier (sau benzină).

În anul 1862 inginerul francez Alphonse Beau de Rochas, brevetează pentru prima oară motorul cu ardere internă în patru timpi (fără însă a-l construi).

Este meritul inginerilor germani *Eugen Langen* şi *Nikolaus August Otto* de a construi (realiza fizic, practic, modelul teoretic al francezului Rochas), primul motor cu ardere internă în patru timpi, în anul **1866**, având aprinderea electrică, carburaţia şi **distribuţia** într-o formă **avansată**.

Zece ani mai târziu, (în 1876), Nikolaus August Otto îşi brevetează motorul său.

În acelaşi an (1876), *Sir Dougald Clerk*, pune la punct motorul în doi timpi al belgianului *Lenoir*, (aducându-l la forma cunoscută şi azi).

În 1885 *Gottlieb Daimler* aranjează un motor cu ardere internă în patru timpi cu un singur cilindru aşezat vertical şi cu un carburator îmbunătăţit.

Un an mai târziu şi compatriotul său *Karl Benz* aduce unele îmbunătăţiri motorului în patru timpi pe benzină. Atât Daimler cât şi Benz lucrau noi motoare pentru noile lor autovehicole (atât de renumite).

În 1889 **Daimler îmbunătăţeşte** motorul cu ardere internă în patru timpi, construind un «doi cilindri în V», şi aducând **distribuţia la forma clasică de azi, «cu supapele în formă de ciupercuţe»**.

În 1890, Wilhelm Maybach, construieşte primul «patru-cilindri», cu ardere internă în patru timpi.

În anul 1892, inginerul german *Rudolf Christian Karl Diesel*, inventează motorul cu aprindere prin comprimare, şi cu injecţie de combustibil, pe scurt motorul diesel. Primele motoare diesel au fost prevăzute (chiar din proiectare) să funcţioneze cu biocombustibili (acest mare inventator, Diesel, s-a gândit în mod evident şi la timpurile în care petrolul va fi tot mai puţin şi tot mai scump). Astfel primul model prezentat de Diesel lucra cu ulei vegetal stors din alune (arahide).

Mai târziu el a fost adaptat pe motorină, care nu putea fi utilizată la motoarele cu benzină deoarece motorina avea cifra octanică prea scăzută şi motorul de tip Otto (pe atunci cu carburaţie şi aprindere prin scânteie) făcea autoaprindere, aşa cum face şi azi când combustibilii utilizaţi nu au cifra octanică ridicată. Doar motoarele cu carburaţie (amestec carburant) în doi timpi pot face faţă la combustibili mai greoi, adică la benzine şi amestecuri cu cifră octanică mai scăzută, dar cu motorină se ancrasează şi ele foarte repede, plus că încep şi ele să facă autoaprindere. Motorina având cifra octanică scăzută se potriveşte perfect motoarelor diesel cu injecţie de combustibil şi cu autoaprindere, ca şi multe uleiuri vegetale dealtfel. Mai trebuie făcută precizarea că la motoarele diesel este eliminat carburatorul din start comprimându-se doar aerul, combustibilul fiind introdus atunci când comprimarea este terminată, prin injectare şi pulverizare (împrăştiere) sub presiune. El se autoaprinde imediat datorită presiunilor ridicate (în urma comprimării aerului). Prin arderea sa creşte foarte mult temperatura fapt ce sporeşte încă presiunea din camera de ardere producând timpul motor (detenta).

Astăzi şi motoarele Otto au eliminat carburaţia, injectând combustibilul asemenea motoarelor diesel, dar utilizând în continuare bujii pentru aprinderea combustibilului prin scânteie. În general delcoul a fost înlocuit cu o aprindere electronică. Motoarele diesel au şi ele un sistem de aprindere care funcţionează numai la rece, adică numai la pornirea motorului rece, după care se decuplează automat. Ele ar putea fi excluse dacă aerul introdus în motor ar fi preîncălzit (numai la motoarele diesel la care combustibilii grei, unsuroşi, motorine sau uleiuri vegetale, se aprind foarte uşor având cifra octanică scăzută; lucrul nu este posibil la combustibilii uşori cu cifre octanice mari, benzina, gazul, alcoolii, utilizaţi la motoarele Otto cu aprindere controlată prin scânteie). Mai trebuie făcută precizarea că atât motoarele Otto cât şi cele Diesel, funcţionează după un ciclu termic, energetic (de tip Carnot) în patru timpi, deci sunt motoare în patru timpi, astăzi ambele cu comprimare de aer şi injecţie de combustibil. Primele au aprindere, ultimele au autoaprindere.

Motoarele Lenoir-Clerk, în doi timpi, pot fi şi de tip otto (cu aprindere prin scânteie), şi de tip diesel (cu autoaprindere), în funcţie de modul lor de proiectare şi de combustibilii utilizaţi. Totuşi cele mai des întâlnite sunt cele clasice stil Otto, cu aprindere prin scânteie, cu carburaţie, şi având în loc de supape ferestre de distribuţie, astfel încât motoarele în doi timpi nu au contribuit la dezvoltarea mecanismelor de distribuţie cu supape.

Mai mult chiar, primele mecanisme cu supape nu au apărut datorită automobilelor ci datorită trenurilor, ele fiind utilizate la locomotivele cu aburi.

1.2. Primele mecanisme cu supape

Primele mecanisme cu supape apar în anul 1844, fiind utilizate la locomotivele cu aburi (fig. 1); ele au fost proiectate şi construite de inginerul mecanic belgian *Egide Walschaerts*.

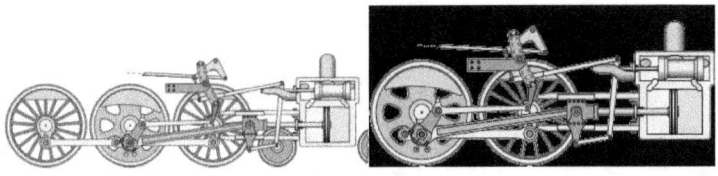

Fig. 1. *Primele mecanisme cu supape, utilizate la locomotivele cu aburi*

1.3. Primele mecanisme cu came

Primele mecanisme cu came sunt utilizate în Anglia şi Olanda la războaiele de ţesut (fig. 2).

În 1719, în Anglia, un oarecare John Kay deschide într-o clădire cu cinci etaje o filatură. Cu un personal de peste 300 de femei şi copii, aceasta avea să fie prima fabrică din lume. Tot el devine celebru inventând suveica zburătoare, datorită căreia ţesutul devine mult mai rapid. Dar maşinile erau în continuare acţionate manual. Abia pe la 1750 industria textilă avea să fie revoluţionată prin aplicarea pe scară largă a acestei invenţii. Iniţial ţesătorii i s-au opus, distrugând suveicile zburătoare şi alungându-l pe inventator. Pe la 1760 apar războaiele de ţesut şi primele fabrici în accepţiunea modernă a cuvântului. Era nevoie de primele motoare. De mai bine de un secol, italianul Giovanni Branca propusese utilizarea aburului pentru acţionarea unor turbine. Experimentele ulterioare nu au dat satisfacţie. În Franţa şi Anglia, inventatori de marcă, ca Denis Papin sau marchizul de Worcester, veneau cu noi şi noi idei. La sfârşitul secolului XVII, Thomas Savery construise deja "prietenul minerului", un motor cu aburi ce punea în funcţiune o pompă pentru scos apa din galerii. Thomas Newcomen a realizat varianta comercială a pompei cu aburi, iar inginerul James Watt realizează şi adaptează un regulator de turaţie ce îmbunătăţeşte net motorul. Împreună cu fabricantul Mathiew Boulton construieşte primele motoare navale cu aburi şi în

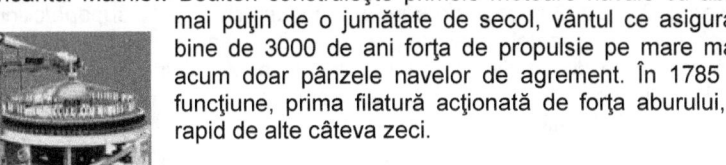

mai puţin de o jumătate de secol, vântul ce asigurase mai bine de 3000 de ani forţa de propulsie pe mare mai umfla acum doar pânzele navelor de agrement. În 1785 intră în funcţiune, prima filatură acţionată de forţa aburului, urmată rapid de alte câteva zeci.

Fig. 2. *Război de ţesut*

2. MECANISMELE DE DISTRIBUŢIE – PREZENTARE GENERALĂ

Primele mecanisme de distribuţie apar odată cu motoarele în patru timpi pentru automobile.

Schemele arborelui cu came şi a mecanismului de distribuţie pot fi urmărite în figura 1:

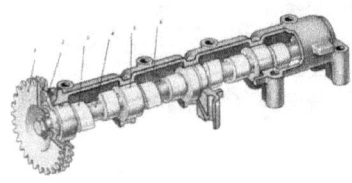

1. – roata de lanţ;
2. – fixare axială a arborelui;
3. – camă;
4. – arborele de distribuţie zonă neprelucrată ;

5. – fus palier; 6. – carcasă.

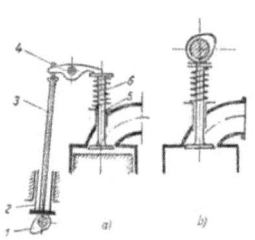

1. – arbore de distribuţie;
2. – tachet;
3. – tijă împingătoare;
4. – culbutor;
5. – supapă;
6. – arc de supapă.

a) – model clasic cu tijă şi culbutor; b) – varianta compactă.

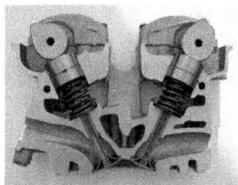

Un model constructiv pentru varianta compactă, b.

Tachetul este clasic, adică plat (sau cu talpă).

Fig. 1. *Schema mecanismului de distribuţie*

În ultimii 25 ani, s-au utilizat fel de fel de variante constructive, pentru a spori numărul de supape pe un cilindru, pentru a face distribuţia (variabilă deja) cât mai variabilă; de la 2 supape pe cilindru s-a ajuns chiar la 12 supape/cilindru; s-a revenit însă la variantele mai simple cu 2, 3, 4, sau 5 supape/cilindru. O suprafaţă mai mare de admisie sau evacuare se poate obţine şi cu o singură supapă, dar atunci când sunt mai multe se poate realiza o distribuţie variabilă pe o plajă mai mare de turaţii.

În figura 2 se poate vedea un mecanism de distribuţie echilibrat, de ultimă generaţie, cu patru supape pe cilindru, două pentru admisie şi două pentru evacuare; s-a revenit la mecanismul clasic cu tijă împingătoare şi culbutor, deoarece dinamica acestui model de mecanism este mult mai bună (decât la modelul fără culbutor). Constructorul suedez a considerat chiar că se poate îmbunătăţii dinamica mecanismului clasic utilizat prin înlocuirea tachetului clasic cu talpă printr-unul cu rolă.

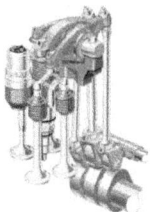

Fig. 2. *Mecanismul de distribuţie Scania (cu tachet cu rolă şi patru supape/cilindru)*

Camera de ardere modulară are o construcţie unică a sistemului de acţionare a supapelor. Arcurile supapelor exercită forţe mari pentru a asigura închiderea lor rapidă. Forţele pentru deschiderea lor sunt asigurate de tacheţi cu rolă acţionaţi de arborele cu came.

Economie: Tacheţii şi camele sunt mari, asigurând o acţionare lină şi precisă asupra supapelor. Aceasta se reflectă în consumul redus de combustibil.

Emisii poluante reduse: Acurateţea funcţionării mecanismului de distribuţie este un factor vital în eficienţa motorului şi în obţinerea unei combustii curate.

Cost de operare: Un beneficiu important adus de dimensiunile tacheţilor este rata scăzută a uzurii lor. Acest fapt reduce nevoia de reglaje. Funcţionarea supapelor rămâne constantă pentru o perioada lungă de timp. Dacă sunt necesare reglaje, acestea pot fi făcute rapid şi uşor.

În figura 3 se pot vedea schemele cinematice ale mecanismului de distribuţie cu două (în stânga), respectiv cu patru (în dreapta) supape pe cilindru.

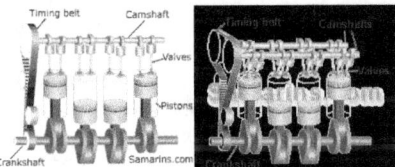

Fig. 3. *Schemele cinematice ale mecanismului de distribuţie cu două (în stânga), respectiv cu patru (în dreapta) supape pe cilindru*

În figura 4 se poate vedea schema cinematică a unui mecanism cu distribuţie variabilă cu 4 supape pe cilindru; prima camă deschide supapa normal iar a doua cu defazaj (motor hibrid realizat de grupul Peugeot-Citroen în anul 2006).

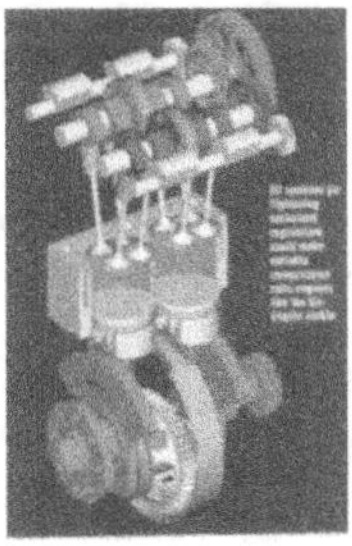

Fig. 4. *Schema cinematică a unui mecanism cu distribuţie variabilă cu 4 supape pe cilindru; prima camă deschide supapa normal iar a doua cu defazaj (motor hibrid realizat de grupul Peugeot-Citroen în anul 2006)*

3. MECANISMELE CU CAMĂ ROTATIVĂ ȘI TACHET DE TRANSLAȚIE PLAT (CU TALPĂ)

Primele MECANISME DE DISTRIBUȚIE (sau mecanismele de distribuție clasice) utilizau o camă rotativă și un tachet translant cu talpă (vezi fig. 1). Cum aceste mecanisme sunt de bază și astăzi se va studia în continuare acest tip de mecanisme.

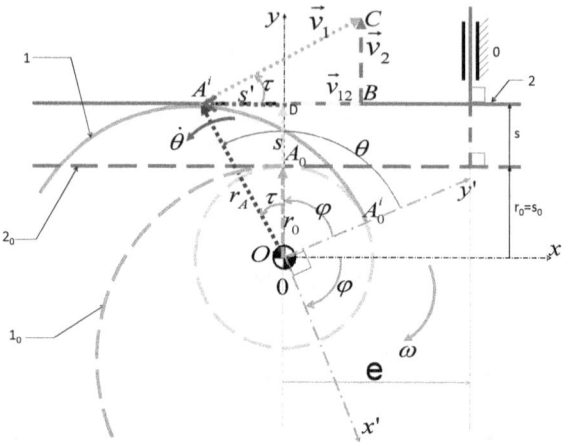

Fig. 1. *Schema de sinteză a unui mecanism clasic cu camă rotativă și tachet de translație plat*

Sinteza geometro-cinematică a mecanismului din figura 1 se poate face cel mai rapid (cel mai simplu) prin (utilizând) metoda coordonatelor carteziene.

Tachetul 2 ocupă poziția cea mai de jos atunci când se află în poziția inițială 0. Cama 1 se rotește constant și orar cu viteza ω începând să ridice (să salte) tachetul din poziția inițială 0 mergând până la o înălțime maximă, după care acesta începe să coboare revenind la un moment dat pe cercul de bază al camei, unde staționează până când începe următorul ciclu cinematic de ridicare și coborâre. Pe figură sunt reprezentate două poziții ale mecanismului. Cea inițială 0, în care începe urcarea (ridicarea) tachetului, și o poziție oarecare din cursa de ridicare. Avem în general patru segmente importante pe camă, corespunzătoare la tot atâtea faze ce compun ciclul cinematic al mecanismului. Faza de ridicare (urcare), faza de staționare pe cercul de vârf al camei, faza de coborâre (revenire) și ultima, faza de staționare pe cercul de bază al camei.

3.1. Sinteza geometro-cinematică a unui mecanism clasic cu camă rotativă și tachet plat translant

O metodă rapidă de sinteză geometrică este cea a coordonatelor carteziene (vezi fig. 1).

În sistemul fix xOy, coordonatele carteziene ale punctului A de contact (aparținând tachetului 2) sunt date de proiecțiile vectorului de poziție r_A pe axele Ox respectiv Oy, și au expresiile analitice exprimate de sistemul relațional (1).

$$\begin{cases} x_T = r_A \cdot \cos\left(\varphi + \tau + \dfrac{\pi}{2} - \varphi\right) = r_A \cdot \cos\left(\dfrac{\pi}{2} + \tau\right) = -r_A \cdot \sin\ \tau = \\[2mm] = -r_A \cdot \dfrac{s'}{r_A} = -s' \\[6mm] y_T = r_A \cdot \sin\left(\varphi + \tau + \dfrac{\pi}{2} - \varphi\right) = r_A \cdot \sin\left(\dfrac{\pi}{2} + \tau\right) = r_A \cdot \cos\ \tau = \\[2mm] = r_A \cdot \dfrac{r_0 + s}{r_A} = r_0 + s \end{cases} \tag{1}$$

În sistemul mobil x'Oy', coordonatele carteziene ale punctului A de contact (aparținând profilului camei 1 care s-a rotit orar cu unghiul φ), sunt date de relațiile sistemelor (2-3).

$$\begin{cases} x_C = r_A \cdot \cos\left(\varphi + \tau + \dfrac{\pi}{2} - \varphi + \varphi\right) = r_A \cdot \cos\left(\dfrac{\pi}{2} + \tau + \varphi\right) = \\[2mm] = r_A \cdot \sin\left(-\varphi - \tau\right) = -r_A \cdot \sin\left(\varphi + \tau\right) = \\[2mm] = -r_A \cdot \left(\sin\ \varphi \cdot \cos\ \tau + \sin\ \tau \cdot \cos\ \varphi\right) = \\[2mm] = -r_A \cdot \dfrac{r_0 + s}{r_A} \cdot \sin\ \varphi - r_A \cdot \dfrac{s'}{r_A} \cdot \cos\ \varphi = \\[2mm] = -\left(r_0 + s\right) \cdot \sin\ \varphi - s' \cdot \cos\ \varphi \\[8mm] y_C = r_A \cdot \sin\left(\varphi + \tau + \dfrac{\pi}{2} - \varphi + \varphi\right) = r_A \cdot \sin\left(\dfrac{\pi}{2} + \tau + \varphi\right) = \\[2mm] = r_A \cdot \cos\left(-\varphi - \tau\right) = r_A \cdot \cos\left(\varphi + \tau\right) = \\[2mm] = r_A \cdot \left(\cos\ \varphi \cdot \cos\ \tau - \sin\ \tau \cdot \sin\ \varphi\right) = \\[2mm] = r_A \cdot \dfrac{r_0 + s}{r_A} \cdot \cos\ \varphi - r_A \cdot \dfrac{s'}{r_A} \cdot \sin\ \varphi = \\[2mm] = \left(r_0 + s\right) \cdot \cos\ \varphi - s' \cdot \sin\ \varphi \end{cases} \tag{2}$$

$$\begin{cases} x_C = -s' \cdot \cos \varphi - (r_0 + s) \cdot \sin \varphi \\ \\ y_C = (r_0 + s) \cdot \cos \varphi - s' \cdot \sin \varphi \end{cases} \quad (3)$$

Observaţie: Dezaxarea e dintre axa tachetului şi cea a camei, nu influenţează sinteza geometro-cinematică a mecanismului.

3.2. Distribuţia forţelor şi determinarea randamentului la un mecanism clasic cu camă rotativă şi tachet plat translant

Forţa motoare consumată, F_c, perpendiculară în A pe vectorul r_A, se divide în două componente: a) F_m, care reprezintă forţa utilă, sau forţa motoare redusă la tachet; b) F_ψ, care este forţa de alunecare între cele două profile ale camei şi tachetului, (vezi figura 2) şi relaţiile (1-10).

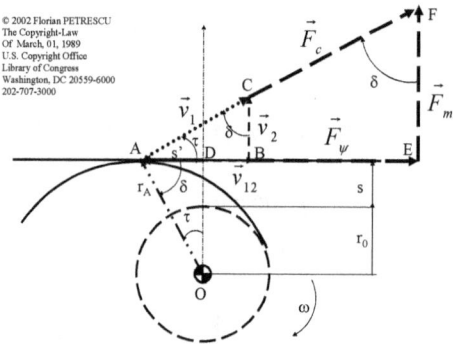

© 2002 Florian PETRESCU
The Copyright-Law
Of March, 01, 1989
U.S. Copyright Office
Library of Congress
Washington, DC 20559-6000
202-707-3000

Fig. 2. *Forţe şi viteze la tachetul translant cu talpă*

$$F_m = F_c \cdot \sin \tau \quad (1)$$

$$v_2 = v_1 \cdot \sin \tau \quad (2)$$

$$P_u = F_m \cdot v_2 = F_c \cdot v_1 \cdot \sin^2 \tau \quad (3)$$

$$P_c = F_c \cdot v_1 \quad (4)$$

$$\eta_i = \frac{P_u}{P_c} = \frac{F_c \cdot v_1 \cdot \sin^2 \tau}{F_c \cdot v_1} = \sin^2 \tau = \cos^2 \delta \quad (5)$$

12

$$\sin^2 \tau = \frac{s'^2}{r_A^2} = \frac{s'^2}{(r_0 + s)^2 + s'^2} \tag{6}$$

$$F_\psi = F_c \cdot \cos \tau \tag{7}$$

$$v_{12} = v_1 \cdot \cos \tau \tag{8}$$

$$P_\psi = F_\psi \cdot v_{12} = F_c \cdot v_1 \cdot \cos^2 \tau \tag{9}$$

$$\psi_i = \frac{P_\psi}{P_c} = \frac{F_c \cdot v_1 \cdot \cos^2 \tau}{F_c \cdot v_1} = \cos^2 \tau = \sin^2 \delta \tag{10}$$

3.3.   Dinamica mecanismelor clasice de distribuţie

3.3.1. Cinematica de precizie (dinamică) la mecanismul clasic de distribuţie

În figura 3 este prezentată schema cinematică a mecanismului clasic de distribuţie, în două poziţii consecutive; cu linie întreruptă este reprezentată poziţia particulară când tachetul se află în planul cel mai de jos, (s=0), iar cama, care se roteşte în sens orar cu viteza unghiulară constantă, ω, se situează în punctul A^0, adică în punctul de racordare dintre profilele de bază şi de urcare, punct particular care marchează începutul urcării tachetului, datorită ridicării profilului camei; cu linie continuă este reprezentată cupla superioară într-o poziţie oarecare aparţinând fazei de ridicare.

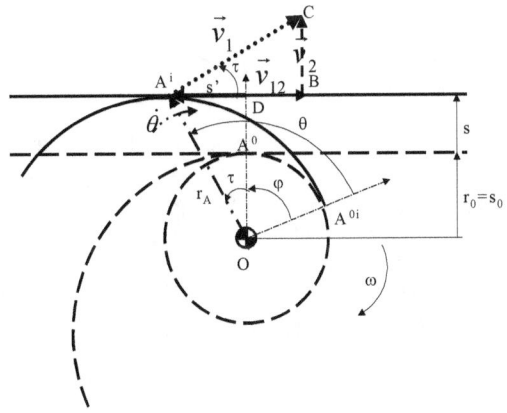

Fig. 3. Cinematica la mecanismul clasic de distribuţie

Punctul A^0 marchează deci, poziţia iniţială a cuplei, reprezentând în acelaşi timp şi punctul de contact dintre camă şi tachet în poziţia iniţială. Cama se roteşte cu viteza unghiulară ω, viteză constantă ce caracterizează arborele cu came (mişcarea arborelui de distribuţie).

Cama se roteşte deci cu viteza ω, parcurgând unghiul φ, care arată cum cercul de bază s-a rotit în sens orar, solidar cu arborele; rotaţia se poate urmări pe cercul de bază între cele două puncte particulare, A^0 şi A^{0i}.

În acest timp vectorul r_A=OA (care reprezintă distanţa de la centrul camei, O, până la punctul de contact A, dintre camă şi tachet), se roteşte în sens invers (trigonometric) cu unghiul τ. Dacă măsurăm unghiul θ, care poziţionează vectorul general r_A în funcţie de vectorul particular r_{A0} (care arată distanţa de la centrul camei, O, la punctul de racordare A^0 dintre profilul de bază şi cel de ridicare, vector care se roteşte şi el odată cu cama), observăm faptul că valoarea lui θ este de fapt suma dintre cele două unghiuri care se rotesc în sensuri opuse, φ şi τ. De fapt acest unghi θ se măsoară trigonometric, de la vectorul r_{A0} la vectorul r_A, fapt care ne obligă să măsurăm unghiul φ tot trigonometric, de la vectorul r_{A0} aflat într-o poziţie oarecare i, la vectorul r_{A0} din poziţia iniţială (corespunzător axei verticale); aşadar şi unghiul φ se va măsura tot trigonometric, invers rotaţiei, adică în sensul care descrie trasarea profilului camei. Putem exprima acum relaţia (0):

$$\theta = \varphi + \tau \qquad (0)$$

Practic dacă r_A este modulul (lungimea variabilă a) vectorului $\vec{r}_A$, θ_A reprezintă unghiul de fază al vectorului $\vec{r}_A$. Adică r_A şi θ_A sunt coordonatele polare ale vectorului $\vec{r}_A$.

Viteza de rotaţie a vectorului $\vec{r}_A$ este $\dot{\theta}_A$ şi este o funcţie de viteza unghiulară a camei, ω (adică de turaţia camei), dar şi de unghiul φ, prin intermediul legilor de mişcare s(φ), s'(φ), s''(φ).

Tachetul nu este acţionat direct de camă, de unghiul φ, şi de viteza unghiulară ω, ci de către vectorul $\vec{r}_A$, care are modulul r_A, unghiul de poziţie θ_A şi viteza unghiulară (viteza de rotaţie) $\dot{\theta}_A$. Aşadar, definitoriu pentru cinematica mecanismelor cu camă şi tachet, este faptul că tachetul nu este acţionat direct de camă ci indirect, în cazul modulului clasic C prin vectorul $\vec{r}_A$, care se roteşte cu viteza unghiulară $\dot{\theta}_A$, iar nu cu cea a camei, ω. De aici rezultă o cinematică particulară-exactă, cea prezentată în general în manualele de specialitate fiind de fapt doar o cinematică aproximativă a cuplei superioare cu camă şi tachet. Aşa cum se va vedea în continuare acest fapt conduce la o funcţie de transmitere a mişcării foarte complexă, greu de dedus şi de urmărit (fapt care ar justifica ocolirea ei printr-o cinematică aproximativă, mult mai comodă dar inexactă).

Din punct de vedere cinematic definim următoarele viteze (vezi fig. 3):

$\vec{v}_1$ =viteza camei; este de fapt viteza vectorului $\vec{r}_A$, în punctul A, astfel încât nu este corect să scriem relaţia (1) aproximativă, dar este valabilă relaţia (2) pentru determinarea precisă a vitezei de intrare, v_1:

$$v_1 = r_A . \omega \tag{1}$$

$$v_1 = r_A . \dot{\theta}_A \tag{2}$$

Relaţia (2) exprimă modulul exact al vitezei de intrare, cunoscută, $\vec{v}_1$.

Viteza $\vec{v}_1$ =AC se descompune în vitezele $\vec{v}_2$ =BC (viteza tachetului care acţionează pe axa acestuia, pe direcţie verticală) şi $\vec{v}_{12}$ =AB (viteza de alunecare dintre profile, viteza de alunecare dintre camă şi tachet, care lucrează pe direcţia tangentei comune la cele două profile dusă în punctul de contact).

Cum deobicei cama (profilul camei) se construieşte cu AD=s', pentru modulul clasic, C, putem scrie relaţiile:

$$r_A^2 = (r_0 + s)^2 + s'^2 \tag{3}$$

$$r_A = \sqrt{(r_0 + s)^2 + s'^2} \tag{4}$$

$$\cos \tau = \frac{r_0 + s}{r_A} = \frac{r_0 + s}{\sqrt{(r_0 + s)^2 + s'^2}} \tag{5}$$

$$\sin \tau = \frac{AD}{r_A} = \frac{s'}{r_A} = \frac{s'}{\sqrt{(r_0 + s)^2 + s'^2}} \tag{6}$$

$$v_2 = v_1 . \sin \tau = r_A . \dot{\theta}_A . \frac{s'}{r_A} = s' . \dot{\theta}_A \tag{7}$$

Se credea că viteza tachetului se poate scrie; $v_2 = s'.\omega$, dar iată că în realitate cama (mecanismul cu camă şi tachet) impune o funcţie de transmitere (în funcţie de tipul cuplei).

La mecanismul clasic de distribuţie, funcţia de transmitere este reprezentată printr-un parametru (coeficient dinamic) D, conform relaţiilor (8-9):

$$\dot{\theta}_A = D . \omega$$

$$D = \frac{\dot{\theta}_A}{\omega} \tag{8}$$

$$v_2 = s'.\dot{\theta}_A = s'.D.\omega \qquad (9)$$

Determinarea vitezei de alunecare dintre profile se face cu ajutorul relaţiei (10):

$$v_{12} = v_1.\cos \tau = r_A.\dot{\theta}_A.\frac{r_0 + s}{r_A} = (r_0 + s).\dot{\theta}_A \qquad (10)$$

Unghiurile τ şi θ_A vor fi determinate în continuare, împreună şi cu derivatele lor de ordinul 1 şi 2.

Unghiul τ se determină din triunghiul ODA^i (vezi fig..1) cu relaţiile (11-13):

$$\sin \tau = \frac{s'}{\sqrt{(r_0 + s)^2 + s'^2}} \qquad (11)$$

$$\cos \tau = \frac{r_0 + s}{\sqrt{(r_0 + s)^2 + s'^2}} \qquad (12)$$

$$tg\,\tau = \frac{s'}{r_0 + s} \qquad (13)$$

Derivăm (11) în funcţie de unghiul φ şi obţinem (14):

$$\tau'.\cos \tau = \frac{s''.r_A - s'.\dfrac{(r_0 + s).s'+s'.s''}{r_A}}{(r_0 + s)^2 + s'^2} \qquad (14)$$

Relaţia (14) se scrie sub forma (15):

$$\tau'.\cos \tau = \frac{s''.(r_0 + s)^2 + s''.s'^2 - s'^2.(r_0 + s) - s'^2.s''}{[(r_0 + s)^2 + s'^2\,].\sqrt{(r_0 + s)^2 + s'^2}} \qquad (15)$$

16

Din relaţia (12) scoatem valoarea lui $\cos\tau$ şi o introducem în termenul stâng al expresiei (15); apoi se reduc $s''.s'^2$ din termenul drept al expresiei (15) şi obţinem o relaţie de forma (16):

$$\tau'.\frac{r_0 + s}{\sqrt{(r_0 + s)^2 + s'^2}} = \frac{(r_0 + s).[\, s''.(r_0 + s) - s'^2\,]}{[(r_0 + s)^2 + s'^2\,].\sqrt{(r_0 + s)^2 + s'^2}} \qquad (16)$$

După simplificări obţinem în final relaţia (17) care reprezintă expresia lui τ':

$$\tau' = \frac{s''.(r_0 + s) - s'^2}{(r_0 + s)^2 + s'^2} \qquad (17)$$

Acum, când avem τ' explicitat, putem determina imediat derivatele următoare, pentru moment limitându-ne la derivata de ordinul 2, τ'' (pentru alte modele dinamice, mai sunt necesare încă cel puţin două derivate, τ''' şi τ^{IV}). Expresia (17) se derivează direct şi obţinem pentru început relaţia (18):

$$\tau'' =$$
$$\frac{[s'''(r_0 + s) + s''s' - 2s's''][(r_0 + s)^2 + s'^2\,] - 2[s''(r_0 + s) - s'^2\,][(r_0 + s)s' + s's''\,]}{[(r_0 + s)^2 + s'^2\,]^2} \qquad (18)$$

Se reduc parţial termenii $s'.s''$ din prima paranteză de la numărător, după care se scoate s' din a patra paranteză de la numărător în factor comun şi obţinem expresia (19):

$$\tau'' = \frac{[s'''.(r_0 + s) - s'.s''].[(r_0 + s)^2 + s'^2\,] - 2.s'.[s''.(r_0 + s) - s'^2\,].[r_0 + s + s''\,]}{[(r_0 + s)^2 + s'^2\,]^2} \qquad (19)$$

Acum se poate calcula θ_A, cu primele două derivate ale sale, $\dot{\theta}_A$ şi $\ddot{\theta}_A$. Pentru simplificare în loc de θ_A se va scrie simplu, θ. Din figura 1 se observă imediat relaţia (20), care este o reluare a primei expresii prezentate în acest capitol, expresia (0):

$$\theta = \tau + \varphi \qquad (20)$$

Derivăm (20) şi obţinem relaţia (21):

$$\dot{\theta} = \dot{\tau} + \dot{\varphi} = \tau'.\omega + \omega = \omega.(1 + \tau') = D.\omega \qquad (21)$$

Derivăm a doua oară (20), adică derivăm (21) și obținem (22):

$$\ddot{\theta} = \ddot{\tau} + \ddot{\varphi} = \tau''\cdot\omega^2 = D'\cdot\omega^2 \qquad (22)$$

Se observă faptul că funcția de transmitere a mișcării, la modulul clasic (C), se poate scrie acum sub forma (23-24):

$$D = \tau' + 1 \qquad (23)$$

$$D^I = \tau'' \qquad (24)$$

Despre rolul funcțiilor de transmitere, D și D', sau funcția de transmitere (coeficientul dinamic) D cu derivata ei se va vorbi în continuare.

Relația $\dot{s} = s'.\omega$ este perfect valabilă, numai că ideea conform căreia $\dot{s}$ este identic cu v_2 (viteza tachetului, impusă de cuplă) este eronată. Viteza tachetului pe care deja am demonstrat-o anterior, se obține cu ajutorul funcției de transmitere, D, conform relației (25):

$$v_2 = s'\cdot w = s'\cdot\dot{\theta}_A = s'\cdot\dot{\theta} = s'\cdot D \cdot \omega = \dot{s} \cdot D \qquad (25)$$

Iată că în realitate viteza tachetului este produsul lui s' nu cu ω, ci cu o viteză unghiulară variabilă, w, care însă se poate exprima sub forma unui produs dintre o variabilă D și viteza unghiulară constantă, ω, (vezi relația 26).

$$w = D.\omega \qquad (26)$$

Această relație generală lucrează în cazul tuturor mecanismelor cu camă și tachet, iar pentru mecanismul clasic de distribuție (Modul C), variabila w este identică cu $\dot{\theta}_A$ (vezi relația 25). De exemplu, la modulul B (mecanismul cu camă rotativă și tachet translant cu rolă), funcția de transmitere este mult mai complexă, fapt care conduce și la derivate ale ei mult mai complexe, deoarece dacă obținerea funcției de transmitere, D, la modulul B, este dificilă, deja prima ei derivată, D', se obține cu multă trudă, iar pentru D" și D''' volumul de muncă este considerabil. Dacă viteza reală (chiar cinematic, nu numai dinamic) a tachetului, la modulul clasic C, este $\dot{y} \equiv v_2 = s'.D.\omega$, putem determina imediat și accelerația reală a tachetului (vezi relația 27), prin derivarea lui v_2 în funcție de timp.

$$\ddot{y} \equiv a_2 = (s''\cdot D + s'\cdot D') \cdot \omega^2 \qquad (27)$$

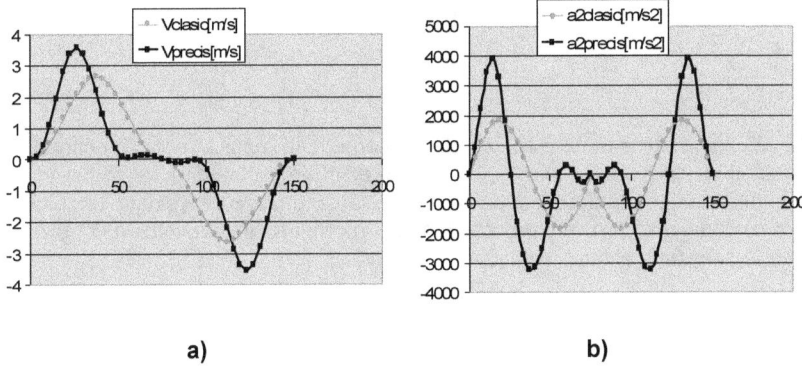

a)   b)

Fig. 4. *Comparaţie între cinematica clasică şi cea propusă în prezenta lucrare. a-viteze şi b-acceleraţii ale tachetului*

Rezultă de aici faptul că pentru determinarea acceleraţiei reale a tachetului, sunt necesare atât s' şi s", cât şi D şi D', iar pentru obţinerea lui D respectiv D' sunt necesare variabilele τ' şi respectiv τ".

Numai când se trasează diagramele v_2 şi a_2 în funcţie de unghiul φ, calculate cinematic precis, pe baza relaţiilor (25) şi respectiv (27), avem impresia unei viteze şi a unei *acceleraţii* cu aspecte *dinamice* (vezi diagramele din figura 4 a-b). Calculele care au stat la baza trasării diagramelor comparative, se bazează pe legea SINus, o turaţie a arborelui motor de n=5500 [rot/min], un unghi de urcare $φ_u$=75 [grade] egal cu cel de coborâre, o rază a cercului de bază r_0=17 [mm] şi o cursă maximă a tachetului h_T=6[mm].

Totuşi dinamica este mult mai complexă, ţinând cont şi de masele şi momentele inerţiale, de forţele rezistente şi motoare ale mecanismului, de amortizările şi elasticităţile întregului lanţ cinematic, de forţele de inerţie din sistem, de turaţia mecanismului, de variaţia vitezei unghiulare ω (considerată în general constantă) cu poziţia φ a camei dar şi cu turaţia n a arborelui motor.

3.3.2. Rezolvarea aproximativă a ecuaţiei de mişcare Lagrange

În cadrul studiului cinematic şi cinetostatic al mecanismelor, se consideră viteza de rotaţie a arborelui de intrare (manivela), constantă, $\dot{φ} = ω$ =constant, iar acceleraţia unghiulară corespunzătoare, nulă,

$$\ddot{φ} = \dot{ω} = ε = 0 .$$

În realitate, datorită maselor şi momentelor inerţiale, dar şi a momentelor motoare şi rezistente, această viteză unghiulară ω nu este constantă, ci variază în funcţie de poziţia φ a arborelui respectiv. Mecanismele cu camă şi tachet se supun şi ele acestei legi, astfel încât vom urmări ecuaţia generală Lagrange, scrisă sub formă diferenţială şi modul ei general de rezolvare. Ecuaţia Lagrange, scrisă sub formă diferenţială (denumită şi ecuaţia maşinii), are forma (28).

$$J^* . \ddot{\varphi} + \frac{1}{2} . J^{*I} . \dot{\varphi}^2 = M^* \qquad (28)$$

unde J* este momentul de inerţie (momentul masic, sau mecanic) al mecanismului, redus la manivelă, iar M* reprezintă momentul motor redus minus momentul rezistent redus, reduse la manivelă; unghiul φ reprezintă unghiul de rotaţie al manivelei. J^{*I} reprezintă derivata momentului mecanic în funcţie de unghiul φ de rotaţie al manivelei (29).

$$\frac{1}{2} . J^{*I} = \frac{1}{2} . \frac{dJ^*}{d\varphi} = L \qquad (29)$$

Dacă utilizăm notaţia (29), ecuaţia (28) se rescrie sub forma (30):

$$J^* . \ddot{\varphi} + L . \dot{\varphi}^2 = M^* \qquad (30)$$

Împărţim ambii termeni la J* şi (30) ia forma (31):

$$\ddot{\varphi} + \frac{L}{J^*} . \dot{\varphi}^2 = \frac{M^*}{J^*} \qquad (31)$$

Trecem termenul cu $\dot{\varphi}^2$ în dreapta şi obţinem (32):

$$\ddot{\varphi} = \frac{M^*}{J^*} - \frac{L}{J^*} . \dot{\varphi}^2 \qquad (32)$$

Prelucrăm termenul din stânga ecuaţiei (32) sub forma (33), şi obţinem pentru (32) forma (34):

$$\ddot{\varphi} = \frac{d\dot{\varphi}}{dt} = \frac{d\dot{\varphi}}{d\varphi} . \frac{d\varphi}{dt} = \frac{d\dot{\varphi}}{d\varphi} . \dot{\varphi} = \frac{d\omega}{d\varphi} . \omega \qquad (33)$$

$$\omega . \frac{d\omega}{d\varphi} = \frac{M^*}{J^*} - \frac{L}{J^*} . \omega^2 = \frac{M^* - L . \omega^2}{J^*} \qquad (34)$$

Deoarece, pentru un anumit unghi φ, ω variază de la valoarea nominală constantă ω_n la valoarea ω, putem scrie relaţia (35), unde dω reprezintă variaţia instantanee pentru un anumit φ, ea fiind o variabilă de φ, care adăugată la constanta ω_n conduce la variabila căutată, ω:

$$\omega = \omega_n + d\omega \tag{35}$$

În relaţia (35), ω şi dω sunt funcţii de unghiul φ, iar ω_n este un parametru constant, care poate lua diferite valori în funcţie de turaţia arborelui conducător, n. La un moment dat, turaţia n este considerată constantă şi la fel ω_n, însă cum ea poate lua diferite valori (şi n şi ω_n) se poate considera ω_n ca fiind o funcţie de turaţia n, astfel încât şi ω devine o funcţie şi de n, cu atât mai mult cu cât chiar dω este funcţie de φ dar şi de ω_n (vezi relaţia 36):

$$\omega(\varphi, n) = \omega_n(n) + d\omega(\varphi, \omega_n(n)) \tag{36}$$

Introducând (35) în (34), obţinem ecuaţia (37):

$$(\omega_n + d\omega).d\omega = [\frac{M^*}{J^*} - \frac{L}{J^*}.(\omega_n + d\omega)^2].d\varphi \tag{37}$$

În continuare obţinem ecuaţia de forma (38):

$$\omega_n.d\omega + (d\omega)^2 = \frac{M^*}{J^*}.d\varphi - \frac{L}{J^*}.d\varphi.[\omega_n^2 + (d\omega)^2 + 2.\omega_n.d\omega] \tag{38}$$

Ecuaţia (38) se scrie sub forma (39):

$$\omega_n.d\omega + (d\omega)^2 - \frac{M^*}{J^*}.d\varphi + \frac{L}{J^*}.d\varphi.\omega_n^2 +$$
$$+ \frac{L}{J^*}.d\varphi.(d\omega)^2 + 2.\frac{L}{J^*}.d\varphi.\omega_n.d\omega = 0 \tag{39}$$

Grupăm termenii doi câte doi şi obţinem ecuaţia (40):

$$(\frac{L}{J^{*}}.d\varphi + 1).(d\omega)^{2} + 2.(\frac{L}{J^{*}}.d\varphi + \frac{1}{2}).\omega_{n}.d\omega -$$

$$- (\frac{M^{*}}{J^{*}}.d\varphi - \frac{L}{J^{*}}.d\varphi.\omega_{n}^{2}) = 0 \tag{40}$$

Ecuația (40) este o ecuație de gradul 2 în (dω). Discriminantul ecuației (40) se scrie inițial sub forma (41), iar apoi se reduce la forma (42):

$$\Delta = \frac{L^{2}}{J^{*2}}.(d\varphi)^{2}.\omega_{n}^{2} + \frac{\omega_{n}^{2}}{4} + \frac{L}{J^{*}}.d\varphi.\omega_{n}^{2} + \frac{L.M^{*}}{J^{*2}}.(d\varphi)^{2}$$

$$+ \frac{M^{*}}{J^{*}}.d\varphi - \frac{L^{2}}{J^{*2}}.(d\varphi)^{2}.\omega_{n}^{2} - \frac{L}{J^{*}}.d\varphi.\omega_{n}^{2} \tag{41}$$

$$\Delta = \frac{\omega_{n}^{2}}{4} + \frac{L.M^{*}}{J^{*2}}.(d\varphi)^{2} + \frac{M^{*}}{J^{*}}.d\varphi \tag{42}$$

Se reține, pentru dω, numai soluția cu plus, care poate genera atât valori pozitive cât și valori negative (43), valori care se încadrează în limite normale, generând pentru ω valori normale; pentru $\Delta < 0$ se consideră dω=0 (acest caz nu apare de loc pentru o ecuație corectă).

$$d\omega = \frac{-\dfrac{L}{J^{*}}.d\varphi.\omega_{n} - \dfrac{\omega_{n}}{2} + \sqrt{\Delta}}{\dfrac{L}{J^{*}}.d\varphi + 1} \tag{43}$$

Observații: Pentru mecanismele cu camă și tachet, utilizând noile relațiile, cu M* (momentul redus al întregului mecanism) obținut prin scrierea momentului rezistent redus cunoscut și prin calculul celui motor prin integrarea celui rezistent pe toată zona de urcare (de exemplu), se determină frecvent valori mari și chiar foarte mari pentru dω, sau zone întregi în care realizantul Δ, ia valori negative, generând soluții complexe pentru dω, pe care îl considerăm 0 pe aceste zone, fapt care ne îndreptățește să reconsiderăm metoda determinării momentului redus, unde unul din cele două momente, cel rezistent sau cel motor este cunoscut printr-o relație de calcul, iar celălalt, se determină prin integrarea celui cunoscut pe un anumit domeniu.

Dacă considerăm cunoscute atât M*$_r$ cât și M*$_m$ și le calculăm pe fiecare în parte cu relația aferentă (independentă una de alta, adică fără integrare), se obţin pentru mecanismele cu camă şi tachet, valori normale pentru dω (valori care se păstrează pe tot intervalul în limite normale, iar în plus discriminantul, Δ, este în permanenţă pozitiv, adică ≥0, astfel încât nu apar soluţii complexe pentru dω).

Forţa rezistentă redusă la supapă e dată de (44), iar forţa motoare redusă la axul supapei se obţine cu (45):

$$F_r^* = k.(x_0 + x) \qquad (44)$$

$$F_m^* = K.(y - x) \qquad (45)$$

Momentul rezistent redus (46) sau cel motor redus (47), se calculează înmulţind forţa rezistentă redusă, respectiv cea motoare redusă, cu viteza redusă x'.

$$M_r^* = k.(x_0 + x).x' \qquad (46)$$

$$M_m^* = K.(y - x).x' \qquad (47)$$

3.3.3. Relaţia dinamică utilizată

Relaţiile dinamice utilizate sunt (48-49).

$$\Delta X = (-1) \cdot$$

$$\frac{(k^2 + 2 \cdot k \cdot K) \cdot s^2 + 2 \cdot k \cdot x_0 \cdot (K + k) \cdot s + [\dfrac{K^2}{K + k} \cdot m_S^* + (K + k) \cdot m_T^*] \cdot \omega^2 \cdot (Ds')^2}{2 \cdot (s + \dfrac{k \cdot x_0}{K + k}) \cdot (K + k)^2} \qquad (48)$$

$$X = s - \frac{[\dfrac{K^2}{K + k} \cdot m_S^* + (K + k) \cdot m_T^*] \cdot \omega^2 \cdot (Ds')^2}{2 \cdot (s + \dfrac{k \cdot x_0}{K + k}) \cdot (K + k)^2}$$

$$- \frac{(k^2 + 2 \cdot k \cdot K) \cdot s^2 + 2 \cdot k \cdot x_0 \cdot (K + k) \cdot s}{2 \cdot (s + \dfrac{k \cdot x_0}{K + k}) \cdot (K + k)^2} \qquad (49)$$

3.3.4. Analiza dinamică

Analiza dinamică a legii clasice sin, se vede în diagrama din figura 3, iar în figura 4 se observă cea pentru o lege originală (C4P):

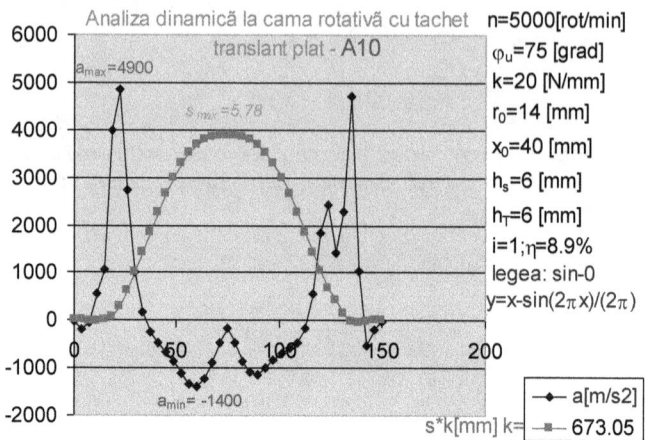

Fig. 3. *Analiza dinamică a legii sin, φ_u=75 [grad], n=5000 [r/m]*

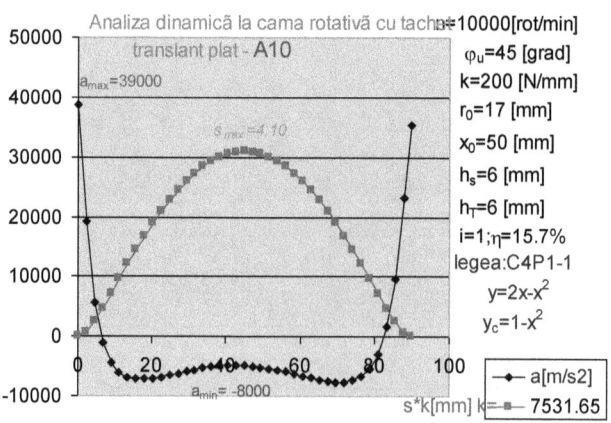

Fig. 4. *Analiza dinamică la legea originală C4P, φ_u=45 [grad], n=10000 [r/m]*

4. MECANISMELE CU CAMĂ ROTATIVĂ ŞI TACHET DE TRANSLAŢIE CU ROLĂ

4.1. Prezentare generală

Mecanismele cu camă rotativă şi tachet translant cu rolă (Modul B), au o cinematică aparte, datorată în primul rând geometriei mecanismului, fapt care ne obligă la un studiu mai amănunţit dacă dorim să determinăm cu precizie cinematica şi dinamica acestui mecanism. În mod normal acest tip de mecanism se studiază aproximativ, considerându-se, atât pentru cinematică cât şi pentru cinetostatică, suficient, un studiu asupra cuplei B (centrul rolei).

Aproximarea aceasta (vezi fig. 1) prezintă însă o mare deficienţă datorită faptului că se neglijează cinematica şi cinetostatica de precizie a mecanismului, fapt ce conduce la un studiu dinamic inadecvat.

Un studiu precis (exact), este posibil doar atunci când analizăm ce se petrece în punctul A (punctul de contact dintre camă şi rola tachetului).

Punctul A este definit de vectorul $\overline{r}_A$ având lungimea (modulul) r_A şi unghiul de poziţie θ_A.

La fel se defineşte poziţia punctului B (centrul rolei), prin vectorul $\overline{r}_B$, care se poziţionează la rândul său prin, unghiul θ_B şi are lungimea r_B.

Între cei doi vectori prezentaţi ($\overline{r}_A$ si $\overline{r}_B$) se formează un unghi μ.

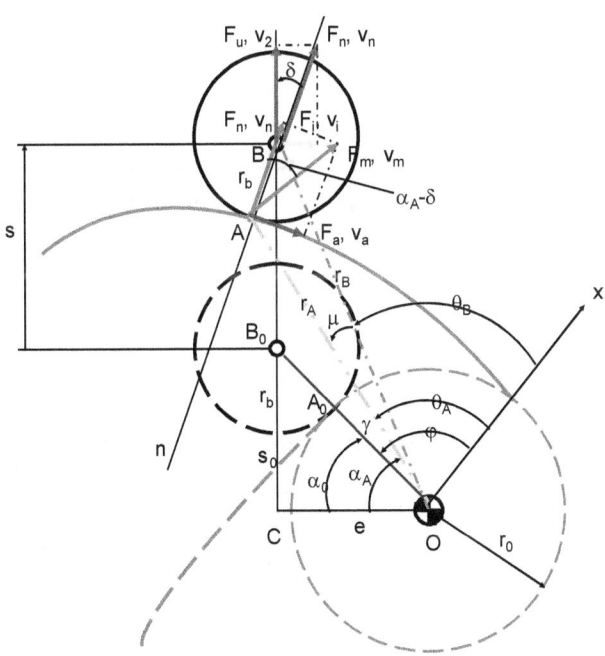

Fig. 1. *Mecanism cu camă rotativă şi tachet de translaţie cu rolă*

25

Unghiul α_0 defineşte poziţia, de bază, a vectorului $\bar{r}_{B0}$, în triunghiul dreptunghic OCB$_0$, astfel încât putem scrie relaţiile (1-4):

$$r_{B_0} = r_0 + r_b \qquad (1)$$

$$s_0 = \sqrt{r_{B_0}^2 - e^2} \qquad (2)$$

$$\cos \alpha_0 = \frac{e}{r_{B_0}} \qquad (3)$$

$$\sin \alpha_0 = \frac{s_0}{r_{B_0}} \qquad (4)$$

Unghiul de presiune δ, care apare între normala n dusă prin punctul de contact A şi o verticală, are mărimea cunoscută dată de relaţiile (5-7):

$$\cos \delta = \frac{s_0 + s}{\sqrt{(s_0 + s)^2 + (s'-e)^2}} \qquad (5)$$

$$\sin \delta = \frac{s'-e}{\sqrt{(s_0 + s)^2 + (s'-e)^2}} \qquad (6)$$

$$tg\,\delta = \frac{s'-e}{s_0 + s} \qquad (7)$$

Vectorul $\bar{r}_A$ se poate determina direct cu relaţiile (8-9):

$$r_A^2 = (e + r_b \cdot \sin \delta)^2 + (s_0 + s - r_b \cdot \cos \delta)^2 \qquad (8)$$

$$r_A = \sqrt{(e + r_b \cdot \sin \delta)^2 + (s_0 + s - r_b \cdot \cos \delta)^2} \qquad (9)$$

Putem determina direct şi unghiul α_A (10-11):

$$\cos \alpha_A = \frac{e + r_b \cdot \sin \delta}{r_A} \tag{10}$$

$$\sin \alpha_A = \frac{s_0 + s - r_b \cdot \cos \delta}{r_A} \tag{11}$$

4.2. Trasare profil

Se poate acum trasa direct profilul camei cu ajutorul coordonatelor polare r_A (cunoscută, vezi relaţia 9) şi θ_A (care se determină cu relaţiile 12-17):

$$\gamma = \alpha_A - \alpha_0 \tag{12}$$

$$\cos \gamma = \cos \alpha_A \cdot \cos \alpha_0 + \sin \alpha_A \cdot \sin \alpha_0 \tag{13}$$

$$\sin \gamma = \sin \alpha_A \cdot \cos \alpha_0 - \cos \alpha_A \cdot \sin \alpha_0 \tag{14}$$

$$\theta_A = \varphi - \gamma \tag{15}$$

$$\cos \theta_A = \cos \varphi \cdot \cos \gamma + \sin \varphi \cdot \sin \gamma \tag{16}$$

$$\sin \theta_A = \sin \varphi \cdot \cos \gamma - \sin \gamma \cdot \cos \varphi \tag{17}$$

4.3. Cinematica exactă la modulul B

Se determină în continuare câteva relaţii de calcul, necesare obţinerii cinematicii precise pentru mecanismul cu camă rotativă şi tachet de translaţie cu rolă.

Din triunghiul OCB (fig. 1) se determină lungimea r_B (OB) şi unghiurile complementare α_B şi τ (unde unghiul α_B este unghiul COB, iar unghiul complementar τ este de fapt unghiul CBO; aceste două unghiuri intuitive nu au mai fost trecute pe desenul din fig. 1. pentru a nu o încărca prea mult).

$$r_B^2 = e^2 + (s_0 + s)^2 \tag{18}$$

$$r_B = \sqrt{r_B^2} \tag{19}$$

$$\cos \alpha_B \equiv \sin \tau = \frac{e}{r_B} \tag{20}$$

$$\sin \alpha_B \equiv \cos \tau = \frac{s_0 + s}{r_B} \tag{21}$$

Din triunghiul oarecare OAB, la care se cunosc laturile OB şi AB şi unghiul dintre ele B (unghiul ABO), care reprezintă suma unghiurilor τ şi δ, putem determina lungimea OA şi unghiul μ (unghiul AOB):

$$\cos(\delta + \tau) = \cos \delta \cdot \cos \tau - \sin \delta \cdot \sin \tau \tag{22}$$

$$r_A^2 = r_B^2 + r_b^2 - 2 \cdot r_b \cdot r_B \cdot \cos(\delta + \tau) \tag{23}$$

$$\cos \mu = \frac{r_A^2 + r_B^2 - r_b^2}{2 \cdot r_A \cdot r_B} \tag{24}$$

$$\sin(\delta + \tau) = \sin \delta \cdot \cos \tau + \sin \tau \cdot \cos \delta \tag{25}$$

$$\sin \mu = \frac{r_b}{r_A} \cdot \sin(\delta + \tau) \tag{26}$$

Cu α_B şi μ putem acum să determinăm α_A:

$$\alpha_A = \alpha_B - \mu \tag{27}$$

Relaţia (27) o derivăm în raport cu timpul şi obţinem $\dot{\alpha}_A$:

$$\dot{\alpha}_A = \dot{\alpha}_B - \dot{\mu} \qquad (28)$$

Se derivează expresia (20) şi se obţine $\dot{\alpha}_B$ (32):

$$- \sin \alpha_B \cdot \dot{\alpha}_B = - \frac{e \cdot \dot{r}_B}{r_B^2} \qquad (29)$$

$$\dot{\alpha}_B = \frac{e \cdot r_B \cdot \dot{r}_B}{(s_0 + s) \cdot r_B^2} \qquad (30)$$

Pentru a afla $\dot{r}_B$ se derivează expresia (18):

$$2 \cdot r_B \cdot \dot{r}_B = 2 \cdot (s_0 + s) \cdot \dot{s}$$
$$r_B \cdot \dot{r}_B = (s_0 + s) \cdot \dot{s} \qquad (31)$$

Acum $\dot{\alpha}_B$ se scrie sub forma (32):

$$\dot{\alpha}_B = \frac{e \cdot (s_0 + s) \cdot \dot{s}}{(s_0 + s) \cdot r_B^2} = \frac{e \cdot \dot{s}}{r_B^2} \qquad (32)$$

Expresia lui $\dot{\mu}$ este ceva mai dificilă, pentru obţinerea ei derivăm în raport cu timpul relaţia (24) şi obţinem expresia (33):

$$2 \cdot \dot{r}_A \cdot r_B \cdot \cos \mu + 2 \cdot r_A \cdot \dot{r}_B \cdot \cos \mu - 2 \cdot r_A \cdot r_B \cdot \sin \mu \cdot \dot{\mu} =$$
$$2 \cdot r_A \cdot \dot{r}_A + 2 \cdot r_B \cdot \dot{r}_B \qquad (33)$$

Din (33) se explicitează $\dot{\mu}$ (38), care se poate determina dacă obţinem mai întâi $\dot{r}_A$ prin derivarea expresiei (23):

$$2 \cdot r_A \cdot \dot{r}_A = 2 \cdot r_B \cdot \dot{r}_B - 2 \cdot r_b \cdot \dot{r}_B \cdot \cos(\delta + \tau)$$
$$+ 2 \cdot r_b \cdot r_B \cdot \sin(\delta + \tau) \cdot (\dot{\delta} + \dot{\tau}) \tag{34}$$

Pentru rezolvarea expresiei (34) sunt necesare derivatele $\dot{\delta}$ şi $\dot{\tau}$.

Se derivează (7) şi se obţine (35 şi 36):

$$\delta' = \frac{s'' \cdot (s_0 + e) - s' \cdot (s' - e)}{(s_0 + s)^2 + (s' - e)^2} \tag{35}$$

$$\dot{\delta} = \delta' \cdot \omega \tag{36}$$

Se observă faptul că τ este complementarul lui α_B, astfel încât vitezele lor (derivatele lor în raport cu timpul) sunt egale dar de semne contrare, astfel încât există relaţia:

$$\dot{\tau} = -\dot{\alpha}_B = -\frac{e \cdot \dot{s}}{r_B^2} \tag{37}$$

Acum putem calcula $\dot{\mu}$:

$$\dot{\mu} = \frac{\dot{r}_A \cdot r_B \cdot \cos\mu + r_A \cdot \dot{r}_B \cdot \cos\mu - r_A \cdot \dot{r}_A - r_B \cdot \dot{r}_B}{r_A \cdot r_B \cdot \sin\mu} \tag{38}$$

Se poate determina acum $\dot{\alpha}_A$ (28) şi $\dot{\theta}_A$ (39):

$$\dot{\theta}_A = \dot{\varphi} - \dot{\gamma} = \omega - \dot{\alpha}_A \tag{39}$$

În continuare reexprimăm funcţiile trigonometrice de bază (sin şi cos) de unghiul α_A în alt mod decât prin relaţiile (10-11), pe baza calculelor anterioare:

$$\cos\alpha_A = \frac{e \cdot \sqrt{(s_0 + s)^2 + (s' - e)^2} + r_b \cdot (s' - e)}{r_A \cdot \sqrt{(s_0 + s)^2 + (s' - e)^2}} \tag{40}$$

$$\sin \alpha_A = \frac{(s_0 + s) \cdot [\sqrt{(s_0 + s)^2 + (s'-e)^2} - r_b]}{r_A \cdot \sqrt{(s_0 + s)^2 + (s'-e)^2}} \tag{41}$$

Putem să obţinem acum expresia $\cos(\alpha_A - \delta)$:

$$\cos(\alpha_A - \delta) = \frac{(s_0 + s) \cdot s'}{r_A \cdot \sqrt{(s_0 + s)^2 + (s'-e)^2}} = \frac{s'}{r_A} \cdot \cos \delta \tag{42}$$

Produsul $\cos(\alpha_A - \delta) \cdot \cos \delta$ se exprimă acum sub forma simplificată (43):

$$\cos(\alpha_A - \delta) \cdot \cos \delta = \frac{s'}{r_A} \cdot \cos^2 \delta \tag{43}$$

Putem scrie următoarele forţe şi viteze:

La intrare avem F_m şi v_m perpendiculare pe vectorul r_A. Ele se descompun în F_a (respectiv v_a), forţa şi viteza de alunecare dintre profile, şi în F_n (respectiv v_n) forţa şi viteza normale la profil, care trec prin punctul B şi se descompun la rândul lor în două componente; forţa F_i (respectiv viteza v_i), forţa şi viteza de încovoiere a tachetului (produc vibraţii, oscilaţii laterale) şi forţa F_u (respectiv viteza v_2), adică forţa utilă care deplasează tachetul efectiv şi viteza sa de deplasare v_2. În plus forţa F_a dă naştere la un moment $F_a.r_b$ care face ca rola să se rotească.

Scriem următoarele relaţii de forţe şi viteze:

$$\begin{cases} v_a = v_m \cdot \sin(\alpha_A - \delta) \\ F_a = F_m \cdot \sin(\alpha_A - \delta) \end{cases} \tag{44}$$

$$\begin{cases} v_n = v_m \cdot \cos(\alpha_A - \delta) \\ F_n = F_m \cdot \cos(\alpha_A - \delta) \end{cases} \tag{45}$$

$$\begin{cases} v_i = v_n \cdot \sin \delta \\ F_i = F_n \cdot \sin \delta \end{cases} \tag{46}$$

31

$$\begin{cases} v_2 = v_n \cdot \cos \delta = v_m \cdot \cos(\alpha_A - \delta) \cdot \cos \delta \\ F_u = F_n \cdot \cos \delta = F_m \cdot \cos(\alpha_A - \delta) \cdot \cos \delta \end{cases} \qquad (47)$$

4.4. Determinarea randamentului la modulul B

Se determină în continuare randamentul mecanic exact al mecanismului. Puterea utilă se scrie:

$$P_u = F_u \cdot v_2 = F_m \cdot v_m \cdot \cos^2(\alpha_A - \delta) \cdot \cos^2 \delta \qquad (48)$$

Puterea consumată este:

$$P_c = F_m \cdot v_m \qquad (49)$$

Se determină randamentul instantaneu:

$$\eta_i = \frac{P_u}{P_c} = \frac{F_m \cdot v_m \cdot \cos^2(\alpha_A - \delta) \cdot \cos^2 \delta}{F_m \cdot v_m} =$$

$$= \cos^2(\alpha_A - \delta) \cdot \cos^2 \delta = [\cos(\alpha_A - \delta) \cdot \cos \delta]^2 = \qquad (50)$$

$$= [\frac{s'}{r_A} \cdot \cos^2 \delta]^2 = \frac{s'^2}{r_A^2} \cdot \cos^4 \delta$$

4.5. Determinarea funcţiei de transmitere, D, la modulul B

Se determină în continuare funcţia de transmitere a mişcării la modulul B, adică funcţia notată cu D (COEFICIENTUL DINAMIC):

Se reia viteza tachetului din expresia (47) şi se scrie sub forma (51):

$$v_2 = v_n \cdot \cos \delta = v_m \cdot \cos(\alpha_A - \delta) \cdot \cos \delta = v_m \cdot \frac{s'}{r_A} \cdot \cos^2 \delta =$$

$$= r_A \cdot \dot{\theta}_A \cdot \frac{s'}{r_A} \cdot \cos^2 \delta = \dot{\theta}_A \cdot s' \cdot \cos^2 \delta = \theta_A^I \cdot \omega \cdot s' \cdot \cos^2 \delta \qquad (51)$$

Pe de altă parte se cunoaşte pentru viteza tachetului expresia (52):

$$v_2 = s' \cdot D \cdot \omega \qquad (52)$$

Din egalarea celor două relaţii (51 şi 52) se identifică expresia lui D, extrem de complexă (53) (pentru derivatele lui D, volumul de lucru este mare):

$$D = \theta_A^I \cdot \cos^2 \delta \qquad (53)$$

Expresia lui $\cos^2 \delta$ se cunoaşte (54):

$$\cos^2 \delta = \frac{(s_0 + s)^2}{(s_0 + s)^2 + (s'-e)^2} \qquad (54)$$

Expresia lui θ'_A este ceva mai dificilă având forma din relaţia (55):

$$\theta_A^I = [(s_0 + s)^2 + e^2 - e \cdot s' - r_b \cdot \sqrt{(s_0 + s)^2 + (s'-e)^2}] \cdot$$

$$\cdot \{[(s_0 + s)^2 + (s'-e)^2] \cdot \sqrt{(s_0 + s)^2 + (s'-e)^2} +$$

$$+ r_b \cdot [s'' \cdot (s_0 + s) - s' \cdot (s'-e) - (s_0 + s)^2 - (s'-e)^2]\} / \qquad (55)$$

$$/[(s_0 + s)^2 + (s'-e)^2] / \{[(s_0 + s)^2 + e^2 + r_b^2] \cdot$$

$$\cdot \sqrt{(s_0 + s)^2 + (s'-e)^2} - 2 \cdot r_b \cdot [(s_0 + s)^2 + e^2 - e \cdot s']\}$$

Se dau în continuare şi expresiile lui μ (56-57):

$$\cos \mu = \frac{[(s_0 + s)^2 + e^2] \cdot \sqrt{(s_0 + s)^2 + (s'-e)^2} - r_b \cdot [(s_0 + s)^2 + e^2 - e \cdot s']}{r_A \cdot r_B \cdot \sqrt{(s_0 + s)^2 + (s'-e)^2}} \qquad (56)$$

$$\sin \mu = \frac{r_b \cdot (s_0 + s) \cdot s'}{r_A \cdot r_B \cdot \sqrt{(s_0 + s)^2 + (s'-e)^2}} \qquad (57)$$

4.6. Dinamica pentru modulul B

Se utilizează pentru dinamica modulului B relaţiile (58-60):

$$\Delta X = - \frac{\dfrac{k^2 + 2kK}{(K + k)^2} \cdot s^2 + \dfrac{2kx_0}{K + k} \cdot s + \dfrac{[\dfrac{K^2}{(K + k)^2} \cdot m_s^* + m_T^*] \cdot \omega^2}{K + k} \cdot y'^2}{2 \cdot [s + \dfrac{kx_0}{K + k}]} \tag{58}$$

$$\Delta X = - \frac{\dfrac{k^2 + 2kK}{(K + k)^2} \cdot s^2 + \dfrac{2kx_0}{K + k} \cdot s + \dfrac{[\dfrac{K^2}{(K + k)^2} \cdot m_s^* + m_T^*] \cdot \omega^2}{K + k} \cdot (D \cdot s')^2}{2 \cdot [s + \dfrac{kx_0}{K + k}]} \tag{59}$$

Cunoscându-l pe ΔX îl putem determina imediat pe X cu relaţia (60):

$$X = s + \Delta X \tag{60}$$

4.7. Analiza dinamică la modulul B

În continuare se prezintă analiza dinamică a modulului B, pentru câteva legi de mişcare cunoscute. Se începe cu legea clasică SIN (vezi diagrama dinamică din figura 2), pentru a o putea compara cu dinamica acestei legi de la modulul clasic C. Se utilizează o turaţie de n=5500 [rot/min], pentru o deplasare maximă teoretică atât la supapă cât şi la tachet, h=6 [mm]. Unghiul de fază este, $\varphi_u = \varphi_c = 65$ [grad]; raza cercului de bază are valoarea, $r_0 = 13$ [mm]. Pentru raza rolei s-a adoptat valoarea $r_b = 13$ [mm].

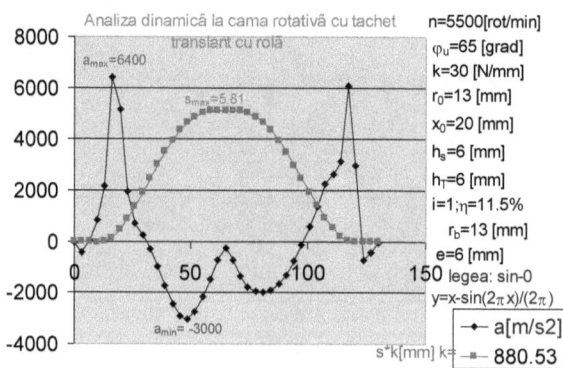

Fig. 2. Analiza dinamică la modulul B. Legea SIN, n=5500 [rot/min] φ_u=65 [grad], r_0=13 [mm], r_b=13 [mm], h_T=6 [mm].

Excentricitatea ghidajului în raport cu centrul camei este, e=6 [mm].

Randamentul are o valoare ridicată, η=11.5%; reglajele resortului sunt normale, k=30 [N/mm] şi x_0=20 [mm].

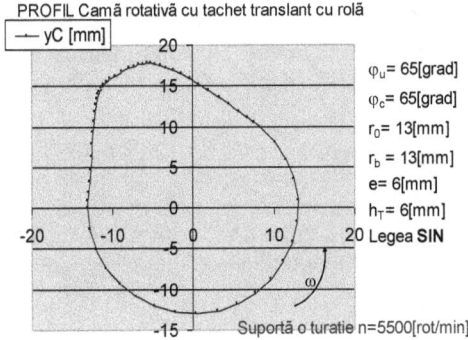

Fig. 3. *Profilul SIN la modulul B. n=5500 [rot/min]*

φ_u=65 [grad], r_0=13 [mm], r_b=13 [mm], h_T=6 [mm].

Dinamica este mai bună (în general) comparativ cu cea a modulului clasic, C. *Pentru un unghi de fază de numai 65 grade atingem aceleaşi vârfuri de acceleraţii pe care modulul clasic le atingea la o fază relaxată de 75-80 grade.*

În figura 3 se poate urmări profilul aferent, trasat invers decât cele de la modulul C, adică cu profilul de ridicare în partea stângă şi cu cel de revenire în dreapta, (deoarece sensul de rotaţie a camei a fost şi el inversat, din orar în trigonometric).

Pentru legea cos (aşa cum ne-am obişnuit deja) vibraţiile sunt mai liniştite comparativ cu legea sin, la fel ca la modulul dinamic clasic, C (a se vedea diagrama dinamică din figura 4).

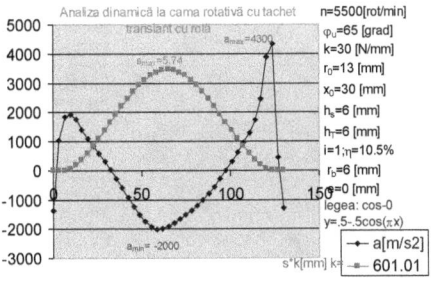

Fig. 4. *Analiza dinamică la modulul B. Legea COS, n=5500 [rot/min], φ_u=65 [grad], r_0=13 [mm], r_b=6 [mm], h_T=6 [mm].*

Turaţia aleasă este de n=5500 [rot/min], pentru o deplasare maximă teoretică atât la supapă cât şi la tachet de, h=6 [mm]. Unghiul de fază este,

$\varphi_u=\varphi_c=65$ [grad]; Raza cercului de bază are valoarea, $r_0=13$ [mm]. Pentru raza rolei s-a adoptat valoarea $r_b=6$ [mm]. Excentricitatea ghidajului în raport cu centrul camei este, $e=0$ [mm]. Un studiu dinamic arată că ce se câştigă la randament în una din faze (urcare sau coborâre) datorită excentricităţii, e, se pierde în faza cealaltă, astfel încât, *e, poate regla o fază şi în acelaşi timp o dereglează pe cealaltă. Iată un motiv serios ca valoarea adoptată a lui e să fie zero.*

Randamentul mecanismului are o valoare ridicată (mai mare decât cea de la modulul clasic, C), $\eta=10.5\%$, dar mai redusă cu un procent comparativ cu legea sin.

Reglajele resortului sunt normale, $k=30$ [N/mm] şi $x_0=30$ [mm]. Profilul COS (pentru modulul dinamic B), corespunzător diagramei dinamice din figura 4, este trasat în figura 5. Profilul de ridicare, sau de urcare, sau de atac, este cel din stânga, iar cel de revenire (sau coborâre), este situat în dreapta. Ca o primă observaţie aceste profiluri sunt mai rotunjite şi mai pline, comparativ cu cele de la modulul clasic, C.

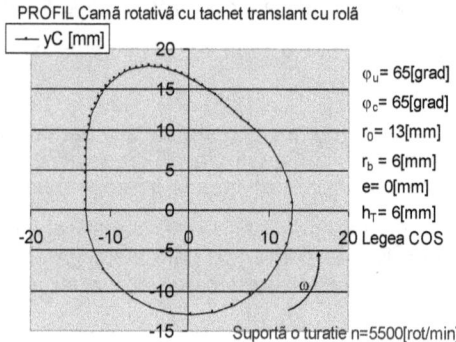

Fig. 5. *Profilul COS la modulul B. n=5500 [rot/min] $\varphi_u=65$ [grad], $r_0=13$ [mm], $r_b=6$ [mm], $h_T=6$ [mm].*

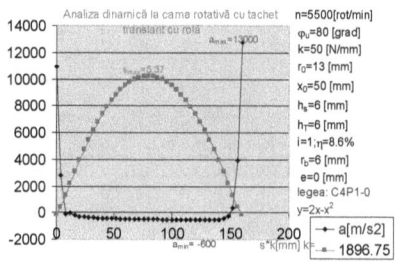

Fig. 6. *Analiza dinamică la modulul B. Legea C4P1-0, n=5500 [rot/min], $\varphi_u=80$ [grad], $r_0=13$ [mm], $r_b=6$ [mm], $h_T=6$ [mm].*

În figura 6 se analizează dinamic legea C4P, sintetizată de autori, pornind de la o turaţie n=5500 [rot/min].

Vârfurile negative ale acceleraţiilor sunt foarte reduse (funcţionare normală, cu zgomote şi vibraţii scăzute). Ridicarea efectivă (dinamică) a supapei este suficient de mare, s_{max}=5.37 [mm], comparativ cu h impus de 6 [mm]. Randamentul se păstrează în limite normale, η=8.6%. În figura 7. se prezintă profilul corespunzător.

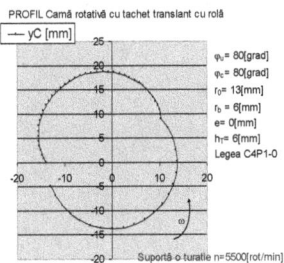

Fig. 7. *Profilul C4P la modulul B.*

În diagrama din figura 8 turaţia creşte până la 40000 [rot/min], în vreme ce randamentul creşte şi el, în detrimentul lui s_{max} care abia mai atinge valoarea de 3.88 [mm].

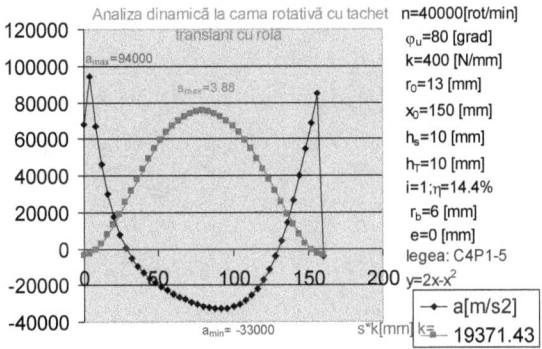

Fig. 8. *Analiza dinamică la modulul B. Legea C4P1-5, n=40000 [rot/min].*

Concluzii:

Se poate vorbi în mod evident de un avantaj al tachetului cu rolă, sau bilă, (Modul B), faţă de tachetul clasic cu talpă, (Modul C).

Se pot obţine aşadar turaţii ridicate, dar şi randamente superioare, cu ajutorul modulului B.

5. PREZENTAREA LEGILOR DE MIŞCARE CLASICE

Legile de mişcare la mecanismele cu camă şi tachet au un rol extrem de important deoarece pe baza lor se trasează (se construieşte) profilul camei, profil care determină în funcţionare mişcările reale (efective) ale tachetului.

În continuare se vor prezenta pe scurt câteva legi de mişcare (principale) utilizate la mecanismele cu came (se vor avea în vedere numai deplasarea s şi prima ei derivată în raport cu unghiul φ, adică viteza redusă, $s'=v_r=ds/d\varphi$).

Legea Co sin *usoidală* ; $\varphi \in [0, \varphi_0]$

urcare   coborâre

$$s = \frac{h}{2} - \frac{h}{2} \cdot \cos\left(\pi \cdot \frac{\varphi}{\varphi_u}\right) \qquad s_c = \frac{h}{2} + \frac{h}{2} \cdot \cos\left(\pi \cdot \frac{\varphi}{\varphi_c}\right)$$

$$v_r = \frac{90 \cdot h}{\varphi_u} \cdot \sin\left(\pi \cdot \frac{\varphi}{\varphi_u}\right) \qquad v_{rc} = -\frac{90 \cdot h}{\varphi_c} \cdot \sin\left(\pi \cdot \frac{\varphi}{\varphi_c}\right)$$

Legea *Liniară* ; $\varphi \in [0, \varphi_0]$

urcare   coborâre

$$s = h \cdot \frac{\varphi}{\varphi_u} \qquad s_c = h \cdot \left(1 - \frac{\varphi}{\varphi_c}\right)$$

$$v_r = \frac{180 \cdot h}{\pi \cdot \varphi_u} \qquad v_{rc} = -\frac{180 \cdot h}{\pi \cdot \varphi_c}$$

Legea *Sinusoidal* $\tilde{a}$; $\varphi \in [0, \varphi_0]$

urcare   coborâre

$$s = h \cdot \frac{\varphi}{\varphi_u} - \frac{h}{2 \cdot \pi} \cdot \sin\left(2\pi \cdot \frac{\varphi}{\varphi_u}\right) \qquad s_c = h - h \cdot \frac{\varphi}{\varphi_c} + \frac{h}{2 \cdot \pi} \cdot \sin\left(2\pi \cdot \frac{\varphi}{\varphi_c}\right)$$

$$v_r = \frac{180 \cdot h}{\pi \cdot \varphi_u} - \frac{180 \cdot h}{\pi \cdot \varphi_u} \cdot \cos\left(2\pi \cdot \frac{\varphi}{\varphi_u}\right) \qquad v_{rc} = -\frac{180 \cdot h}{\pi \cdot \varphi_c} + \frac{180 \cdot h}{\pi \cdot \varphi_c} \cdot \cos\left(2\pi \cdot \frac{\varphi}{\varphi_c}\right)$$

Legea *Parabolică* ;

$\varphi \in [0, \dfrac{\varphi_0}{2}]$ $\varphi \in [\dfrac{\varphi_0}{2}, \varphi_0]$

urcare   coborâre   urcare   coborâre

$$s_1 = 2h \cdot \left(\frac{\varphi}{\varphi_u}\right)^2 \quad s_{1c} = h - 2h \cdot \left(\frac{\varphi}{\varphi_c}\right)^2 \quad s_2 = h - 2h \cdot \left(1 - \frac{\varphi}{\varphi_u}\right)^2 \quad s_{2c} = 2h \cdot \left(1 - \frac{\varphi}{\varphi_c}\right)^2$$

$$v_{r1} = \frac{720 \cdot h}{\pi \cdot \varphi_u^2} \cdot \varphi \quad v_{r1c} = -\frac{720 \cdot h}{\pi \cdot \varphi_c^2} \cdot \varphi \quad v_{r2} = \frac{720 \cdot h}{\pi \cdot \varphi_u^2} \cdot (\varphi_u - \varphi) \quad v_{r2c} = -\frac{720 \cdot h}{\pi \cdot \varphi_c^2} \cdot (\varphi_c - \varphi)$$

6. DINAMICA, MECANISMULUI DE DISTRIBUŢIE CU TACHET BALANSIER CU ROLĂ (MODUL F)

În cadrul capitolului 6 se va prezenta pe scurt mecanismul de distribuţie, cu camă rotativă şi tachet rotativ (balansier) cu rolă (Modul F); a se vedea şi lucrările [P21], [P22], [P24], [P25], [P26], [P27], [P28], [P29], [P31], [P32-P38].

6.1. Prezentare generală

Mecanismele cu camă rotativă şi tachet rotativ (balansier) cu rolă (Modul F), (fig. 6.1.), au o cinematică aparte, datorată în primul rând geometriei mecanismului, fapt care ne obligă la un studiu mai amănunţit dacă dorim să determinăm cu precizie cinematica şi dinamica acestui mecanism. În mod obişnuit studiul acestui tip de mecanism se face aproximativ, (vezi figura 6.1.) considerându-se suficient, atât pentru cinematică cât şi pentru cinetostatică, un studiu asupra cuplei B (centrul rolei). Aproximarea aceasta prezintă însă o mare deficienţă, datorită faptului că se neglijează cinematica şi cinetostatica de precizie a mecanismului, fapt care conduce la un studiu dinamic inadecvat.

Un studiu foarte precis (exact), este posibil doar atunci când analizăm ce se petrece în punctul A (punctul de contact dintre camă şi rola tachetului).

Punctul A este definit de vectorul $\bar{r}_A$ având lungimea (modulul) r_A şi unghiul de poziţie θ_A măsurat de la axa OX.

În calculele care vor fi prezentate vectorul $\bar{r}_A$ va mai fi poziţionat şi prin unghiul α_A, care în loc să plece de la axa OX se măsoară de la axa OD.

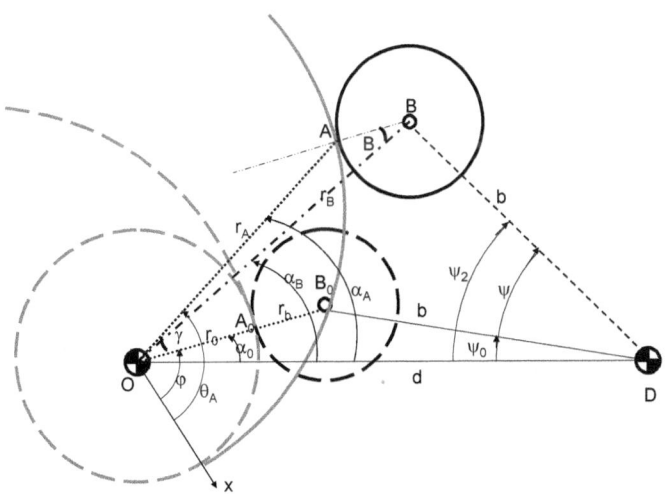

Fig. 6.1. Mecanism cu camă rotativă şi tachet balansier cu rolă

La fel se defineşte poziţia punctului B (centrul rolei), prin vectorul $\bar{r}_B$, care se poziţionează la rândul său prin, unghiul θ_B faţă de axa OX şi prin unghiul α_B faţă de axa OD şi are lungimea r_B.

Între cei doi vectori prezentaţi ($\bar{r}_A$ si $\bar{r}_B$) se formează un unghi μ.

Unghiul α_0 defineşte poziţia, de bază (iniţială), a vectorului $\bar{r}_{B0}$, în triunghiul dreptunghic ODB_0, fiind măsurat de la axa OD.

Rotaţia camei (arborelui de distribuţie), dată de unghiul φ, se măsoară de la axa OX până la vectorul $\bar{r}_{B0}$. Această rotaţie reprezintă unghiul, φ, cu care s-a rotit arborele cu came din poziţia iniţială (dată de vectorul $\bar{r}_{B0}$, vector ce coincide cu axa OX în poziţia iniţială), până în poziţia curentă, când axa OX ocupă o nouă poziţie (vezi fig. 6.1.); deşi rotaţia arborelui de distribuţie este orară, sensul de construcţie al profilului camei este cel trigonometric, fapt pentru care vom inscripţiona unghiul φ invers, de la axa OX, în poziţia curentă până la poziţia ei iniţială, care coincide cu vectorul $\bar{r}_{B0}$.

În timp ce arborele cu came se roteşte cu unghiul φ, vectorul $\bar{r}_A$, se roteşte cu unghiul θ_A, iar între cele două unghiuri θ_A şi φ apare un defazaj notat pe figura 6.1. cu γ.

Defazajul γ, apare şi între unghiurile α_A şi α_0, fapt care ne ajută la determinarea exactă a valorii lui.

Raza tachetului, DB, egală cu b, în poziţia iniţială DB_0, face cu axa OD unghiul ψ_0, constant care poate fi determinat cu uşurinţă din triunghiul ODB_0, ale cărui laturi au lungimi cunoscute: OD=d, DB_0=b, OB_0=r_0+r_b, unde r_0 este raza cercului de bază (al camei) iar r_b reprezintă raza rolei tachetului (care poate fi un bolţ, o rotiţă, o rolă, un rulment, sau o bilă).

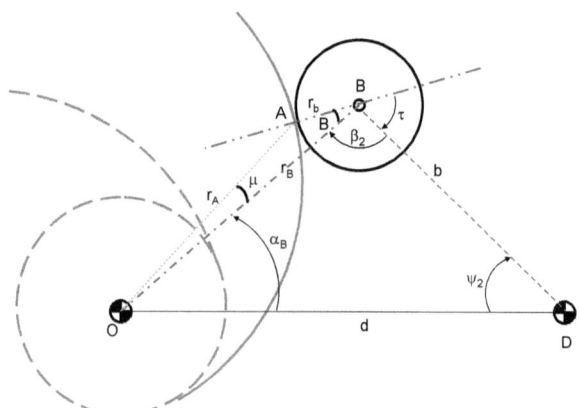

Fig. 6.2. Determinarea unghiului B la mecanismul
cu camă rotativă şi tachet balansier cu rolă.

Din poziţia iniţială şi până în poziţia curentă, tachetul se roteşte în jurul lui D cu un unghi cunoscut, ψ. Acest unghi, ψ, este dat de legea de mişcare a tachetului şi este o funcţie de unghiul φ; el este cunoscut împreună şi cu derivatele sale: ψ', ψ'', ψ''', etc.

În general este mai uşor de exprimat mişcarea tachetului faţă de axa OD, astfel încât apare unghiul $\psi_2 = \psi_0 + \psi$. Derivatele lui ψ_2, sunt egale cu cele cunoscute, ale lui ψ, deoarece unghiul ψ_0 este o constantă (deci nu variază nici cu unghiul de intrare φ).

Din triunghiul ODB, în care se cunosc lungimile OD=d, DB=b şi unghiul ψ_2, se determină lungimea OB=r_B, unghiul DOB=α_B şi unghiul OBD=β_2.

În continuare se determină unghiul OBA=B, aparţinând triunghiului OBA (vezi figura 6.2.). Unghiul B căutat, împreună cu unghiurile β_2 şi τ însumează 180º. Unghiul de transmitere τ este complementul unghiului de presiune δ, care se va determina în cadrul paragrafului următor. Putem scrie relaţia (6.1):

$$B = 180 - \beta_2 - \tau = 180 - \beta_2 - (90 - \delta) =$$
$$= 180 - \beta_2 - 90 + \delta = 90 + \delta - \beta_2$$

(6.1)

În triunghiul OAB (vezi figurile 6.1. şi 6.2.) se cunosc acum lungimile elementelor AB=r_b şi OB=r_B, cât şi mărimea unghiului B (vezi relaţia 6.1).

Putem determina în continuare lungimea OA=r_A, mărimea unghiului AOB=μ şi mărimea unghiului OAB (vezi figura 6.2.).

Cu relaţia (6.2) obţinem valoarea unghiului α_A:

$$\alpha_A = \alpha_B + \mu$$

(6.2)

Acum putem să-l determinăm pe γ cu relaţia (6.3):

$$\gamma = \alpha_A - \alpha_0$$

(6.3)

În continuare se determină unghiul θ_A cu relaţia (6.4):

$$\theta_A = \varphi + \gamma$$

(6.4)

Cu coordonatele polare r_A şi θ_A, acum deja cunoscute, se poate sintetiza profilul camei.

Pentru o trasare mai rapidă se preferă coordonatele carteziene, x_A şi y_A:

$$\begin{cases} x_A = r_A \cdot \cos \theta_A \\ y_A = r_A \cdot \sin \theta_A \end{cases} \qquad (6.5)$$

În continuare se stabilesc forţele şi vitezele care acţionează în mecanism, în cuplele lui, cât şi pe elementele sale.

Astfel se determină randamentul mecanic, al mecanismului cu camă rotativă şi tachet balansier cu rolă, cinematica precisă a mecanismului (funcţia de transmitere a mişcării, de la camă la tachet, la acest tip de mecanism - Modul F) şi putem trece în final la studiul dinamic al mecanismului (odată determinată funcţia sa de transmitere a mişcării).

Pentru a demara toate aceste calcule (anticipate) este necesar mai întâi să determinăm unghiul de presiune, δ, pe care mecanismul îl face între forţa utilă (perpendiculară pe tachet în punctul B) şi forţa normală (care este în lungul normalei n-n, normală ce trece prin punctele A şi B, constituind normala comună între profilul camei şi cel al rolei tachetului, în punctul A).

6.2. Determinarea unghiului de presiune, δ

Determinarea unghiului de presiune, δ, la mecanismele cu camă rotativă şi tachet rotativ (balansier) cu rolă (Modul F), (fig. 6.3.), se face în modul următor. Unghiul de presiune, δ, apare între direcţia n-n şi dreapta t-t. Dreapta n-n trece prin B şi este normală la cele două profile în contact (cel al camei şi cel al rolei tachetului). Dreapta t-t este perpendiculară în B pe segmentul DB.

Se construieşte la scară, triunghiul vitezelor rotite cu 90^0 (vezi figura 6.3.); viteza camei în B (v_{B1}) apare în lungul lui BO de la B la O, viteza redusă a tachetului în B, (v_{B2}) apare în lungul lui BD de la B la b_2, iar viteza de alunecare dintre profile în punctul B (v_{B2B1}) apare în lungul lui n-n de la O la b_2. Se alege polul vitezelor rabătute, P_v, în B şi scara vitezelor $k_v = k_l . \omega_1$.

$(BO) = (P_v b_1) = v_{B1} / [k_l . \omega_1];$ $\qquad$ $(Bb_2) = (P_v b_2) = v_{B2} / [k_l . \omega_1];$
$(Ob_2) = (b_1 b_2) = v_{B2B1} / [k_l . \omega_1].$

Se pot exprima lungimile reale de pe desen; sistemul (6.6) şi relaţia (6.7):

$$\begin{cases} DB = b; Bb_2 = \dfrac{v_{B_2}}{\omega_1} = b \cdot \psi' \\[2mm] CD = d \cdot \cos \psi_2 ; OC = d \cdot \sin \psi_2 \\[2mm] b_2 D = b - b \cdot \psi' \\[2mm] Cb_2 = CD - b_2 D = d \cdot \cos \psi_2 - (b - b \cdot \psi') = \\[2mm] = d \cdot \cos \psi_2 + b \cdot \psi' - b \end{cases} \qquad (6.6)$$

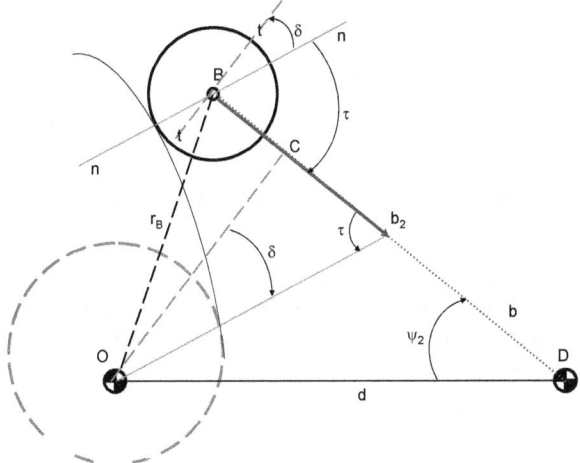

Fig. 6.3. Determinarea unghiului de presiune, δ, la mecanismul cu camă rotativă și tachet balansier cu rolă.

Din triunghiul oarecare ODb_2 se exprimă lungimea Ob_2, (relația 6.7):

$$Ob_2 = RAD = \\ = \sqrt{d^2 + (b - b \cdot \psi')^2 - 2 \cdot d \cdot (b - b \cdot \psi') \cdot \cos \psi_2} \quad (6.7)$$

Se pot determina acum funcțiile trigonometrice sin, cos și tg, ale unghiului de presiune δ, (vezi relațiile 6.8-6.10):

$$\sin \delta = \frac{d \cdot \cos \psi_2 + b \cdot \psi' - b}{\sqrt{d^2 + (b - b \cdot \psi')^2 - 2 \cdot d \cdot (b - b \cdot \psi') \cdot \cos \psi_2}} = \\ = \frac{d \cdot \cos \psi_2 + b \cdot \psi' - b}{RAD} \quad (6.8)$$

$$\cos \delta = \frac{d \cdot \sin \psi_2}{\sqrt{d^2 + (b - b \cdot \psi')^2 - 2 \cdot d \cdot (b - b \cdot \psi') \cdot \cos \psi_2}} = \\ = \frac{d \cdot \sin \psi_2}{RAD} \quad (6.9)$$

43

$$tg\, \delta = \frac{d \cdot \cos \psi_2 + b \cdot \psi'-b}{d \cdot \sin \psi_2} \qquad (6.10)$$

6.3. Determinarea unghiului de presiune suplimentar (intermediar), α

În continuare se determină unghiul de presiune-suplimentar, α, la mecanismele cu camă rotativă şi tachet rotativ (balansier) cu rolă (Modul F). Acest unghi apare între direcţia n-n şi segmentul de dreaptă AA', perpendicular în A pe OA (vezi figura 6.4.).

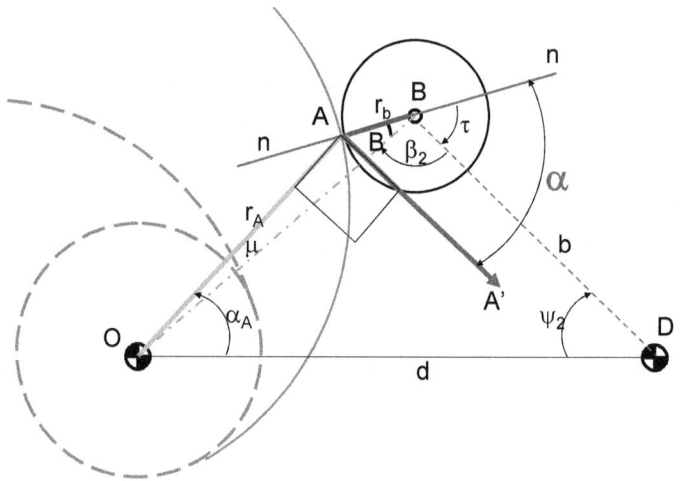

Fig. 6.4. Determinarea unghiului de presiune-suplimentar, α,

la mecanismul cu camă rotativă şi tachet balansier cu rolă.

Din triunghiul oarecare OAB s-a exprimat şi unghiul OAB (vezi figura 6.4.). Din unghiul OAB scădem 90^0 şi obţinem direct unghiul de presiune suplimentar, α. Este una din multiplele modalităţi prin care se poate determina unghiul α, dar probabil şi cea mai simplă (cea mai rapidă şi mai directă). Relaţiile de calcul sunt următoarele:

$$\alpha = OAB - 90 \qquad (6.11)$$

$$\sin \alpha = \sin(OAB - 90) =$$
$$= -\sin(90 - OAB) = -\cos(OAB) \qquad (6.12)$$

44

$$\cos \alpha = \cos(OAB - 90) = \cos(90 - OAB) =$$

$$= \sin(OAB) = \frac{r_B}{r_A} \cdot \sin B \qquad (6.13)$$

$$\cos \alpha_B = \frac{d - b \cdot \cos \psi_2}{r_B} \qquad (6.14)$$

$$\sin \alpha_B = \frac{b \cdot \sin \psi_2}{r_B} \qquad (6.15)$$

$$\sin \delta = \frac{d \cdot \cos \psi_2 + b \cdot \psi' - b}{RAD} \qquad (6.16)$$

$$\cos \delta = \frac{d \cdot \sin \psi_2}{RAD} \qquad (6.17)$$

$$\sin(\delta + \psi_2) = \sin \delta \cdot \cos \psi_2 + \sin \psi_2 \cdot \cos \delta =$$
$$= \frac{d \cdot \cos \psi_2 + b \cdot \psi' - b}{RAD} \cdot \cos \psi_2 + \frac{d \cdot \sin \psi_2 \cdot \sin \psi_2}{RAD} = \qquad (6.18)$$
$$= \frac{d - b \cdot \cos \psi_2 \cdot (1 - \psi')}{RAD}$$

$$\cos(\delta + \psi_2) = \cos \delta \cdot \cos \psi_2 - \sin \delta \cdot \sin \psi_2 =$$
$$= \frac{d \cdot \sin \psi_2 \cdot \cos \psi_2 - d \cdot \cos \psi_2 \cdot \sin \psi_2 - b \cdot \psi' \cdot \sin \psi_2 + b \cdot \sin \psi_2}{RAD} = \qquad (6.19)$$
$$= \frac{b \cdot \sin \psi_2 \cdot (1 - \psi')}{RAD}$$

$$\sin B = \sin(\delta + \psi_2) \cdot \sin \alpha_B - \cos(\delta + \psi_2) \cdot \cos \alpha_B =$$

$$= \frac{d \cdot b \cdot \sin \psi_2 - b^2 \cdot \sin \psi_2 \cdot \cos \psi_2 \cdot (1 - \psi')}{r_B \cdot RAD} +$$

$$+ \frac{b^2 \cdot \cos \psi_2 \cdot \sin \psi_2 \cdot (1 - \psi') - d \cdot b \cdot \sin \psi_2 \cdot (1 - \psi')}{r_B \cdot RAD} = \qquad (6.20)$$

$$= \frac{d \cdot b \cdot \sin \psi_2 \cdot \psi'}{r_B \cdot RAD} = \frac{d \cdot \sin \psi_2}{RAD} \cdot \frac{b \cdot \psi'}{r_B} = \frac{b \cdot \psi'}{r_B} \cdot \cos \delta$$

$$\sin B = \frac{b \cdot \psi' \cdot \cos \delta}{r_B}$$

$$\cos \alpha = \frac{r_B}{r_A} \cdot \sin B = \frac{r_B}{r_A} \cdot \frac{b \cdot \psi' \cdot \cos \delta}{r_B} = \frac{b \cdot \psi' \cdot \cos \delta}{r_A}$$

$$\cos \alpha = \frac{b \cdot \psi'}{r_A} \cdot \cos \delta \qquad (6.21)$$

Am reuşit astfel să-l exprimăm pe cosα într-o formă simplificată (vezi formula 6.21), care ne va permite determinarea directă a randamentului mecanismului, determinarea directă a funcţiei de transmitere a mişcării şi mai departe cu ajutorul acesteia realizarea directă a dinamicii mecanismului.

6.4. Cinematica de bază la Modulul F

În continuare se determină câţiva parametri cinematici (care constituie baza acestui mecanism) ai mecanismului cu camă rotativă şi tachet balansier cu rolă.

$$\cos \psi_0 = \frac{b^2 + d^2 - (r_0 + r_b)^2}{2 \cdot b \cdot d} \qquad (6.22)$$

$$\psi_2 = \psi + \psi_0 \qquad (6.23)$$

$$RAD = \sqrt{d^2 + b^2 \cdot (1 - \psi')^2 - 2 \cdot b \cdot d \cdot (1 - \psi') \cdot \cos \psi_2} \qquad (6.24)$$

$$\sin \delta = \frac{d \cdot \cos \psi_2 + b \cdot \psi' - b}{RAD} \qquad (6.25)$$

$$\cos \delta = \frac{d \cdot \sin \psi_2}{RAD} \qquad (6.26)$$

$$tg\delta = \frac{d \cdot \cos \psi_2 + b \cdot \psi' - b}{d \cdot \sin \psi_2} \qquad (6.27)$$

$$\delta' = \frac{b \cdot \psi'' - d \cdot \sin \psi_2 \cdot \psi' - d \cdot tg\delta \cdot \cos \psi_2 \cdot \psi'}{d \cdot \sin \psi_2} \cdot \cos^2 \delta \qquad (6.28)$$

$$r_B^2 = b^2 + d^2 - 2 \cdot b \cdot d \cdot \cos \psi_2 \qquad (6.29)$$

$$r_B = \sqrt{r_B^2} \qquad (6.30)$$

$$r_B^I = \frac{b \cdot d \cdot \sin \psi_2 \cdot \psi'}{r_B} \qquad (6.31)$$

$$\cos \alpha_B = \frac{d^2 + r_B^2 - b^2}{2 \cdot d \cdot r_B} \qquad (6.32)$$

$$\sin \alpha_B = \frac{b \cdot \sin \psi_2}{r_B} \qquad (6.33)$$

$$\alpha_B^I = \frac{d^2 - b^2 - r_B^2}{2 \cdot r_B^2} \cdot \psi' \qquad (6.34)$$

47

$$\sin(\delta + \psi_2) = \sin\delta \cdot \cos\psi_2 + \sin\psi_2 \cdot \cos\delta =$$
$$= \frac{d - b \cdot \cos\psi_2 \cdot (1 - \psi')}{RAD} \qquad (6.35)$$

$$\cos(\delta + \psi_2) = \cos\delta \cdot \cos\psi_2 - \sin\delta \cdot \sin\psi_2 =$$
$$= \frac{b \cdot \sin\psi_2 \cdot (1 - \psi')}{RAD} \qquad (6.36)$$

$$\cos B = \sin(\delta + \psi_2) \cdot \cos\alpha_B + \sin\alpha_B \cdot \cos(\delta + \psi_2) =$$
$$= \frac{d^2 + b^2 \cdot (1 - \psi') - d \cdot b \cdot \cos\psi_2 \cdot (2 - \psi')}{r_B \cdot RAD} \qquad (6.37)$$

$$\sin B = \sin(\delta + \psi_2) \cdot \sin\alpha_B -$$
$$- \cos(\delta + \psi_2) \cdot \cos\alpha_B = \frac{b \cdot \psi'}{r_B} \cdot \cos\delta \qquad (6.38)$$

$$r_A^2 = r_B^2 + r_b^2 - 2 \cdot r_b \cdot r_B \cdot \cos B \qquad (6.39)$$

$$r_A = \sqrt{r_A^2} \qquad (6.40)$$

$$\cos\mu = \frac{r_A^2 + r_B^2 - r_b^2}{2 \cdot r_A \cdot r_B} \qquad (6.41)$$

$$\sin\mu = \frac{r_b}{r_A} \cdot \sin B \qquad (6.42)$$

$$B' = \delta' + \psi' + \alpha_B' \qquad (6.43)$$

48

$$r'_A = \frac{r_B \cdot r'_B - r_b \cdot r'_B \cdot \cos B + r_b \cdot r_B \cdot \sin B \cdot B'}{r_A} \qquad (6.44)$$

$$\mu' = \frac{r_b}{r_A \cdot \cos \mu} \cdot (\cos B \cdot B' - \sin B \cdot \frac{r'_A}{r_A}) \qquad (6.45)$$

$$\alpha_A = \alpha_B + \mu \qquad (6.46)$$

$$\alpha'_A = \alpha'_B + \mu' \qquad (6.47)$$

$$\cos \alpha_A = \cos \alpha_B \cos \mu - \sin \alpha_B \sin \mu \qquad (6.48)$$

$$\sin \alpha_A = \sin \alpha_B \cos \mu + \cos \alpha_B \sin \mu \qquad (6.49)$$

$$\alpha = \pi - \alpha_A - \psi_2 - \delta \qquad (6.50)$$

$$\cos \alpha = -\cos(\psi_2 + \delta + \alpha_A) =$$
$$= \sin(\psi_2 + \delta) \cdot \sin \alpha_A - \cos(\psi_2 + \delta) \cdot \cos \alpha_A \qquad (6.51)$$

$$\cos \alpha = \frac{\psi' \cdot b}{r_A} \cdot \cos \delta \qquad (6.52)$$

$$\cos \alpha \cdot \cos \delta = \frac{\psi' \cdot b}{r_A} \cdot \cos^2 \delta \qquad (6.53)$$

$$\theta_A = \varphi + \gamma \qquad (6.54)$$

$$\gamma = \alpha_A - \alpha_0 \qquad (6.55)$$

$$\dot{\theta}_A = \dot{\varphi} + \dot{\gamma} = \omega + \dot{\alpha}_A \qquad (6.56)$$

$$\theta'_A = 1 + \alpha'_A \qquad (6.57)$$

6.5. Relaţiile pentru trasarea profilului camei, la Modulul F

În continuare se determină câţiva parametri cinematici cu ajutorul cărora se poate trasa direct profilul camei, pentru mecanismul cu camă rotativă şi tachet balansier cu rolă.

$$\cos \alpha_0 = \frac{(r_0 + r_b)^2 + d^2 - b^2}{2 \cdot (r_0 + r_b) \cdot d} \qquad (6.58)$$

$$\sin \alpha_0 = \frac{b \cdot \sin \psi_0}{r_0 + r_b} \qquad (6.59)$$

$$\cos \gamma = \cos \alpha_A \cdot \cos \alpha_0 + \sin \alpha_A \cdot \sin \alpha_0 \qquad (6.60)$$

$$\sin \gamma = \sin \alpha_A \cdot \cos \alpha_0 - \sin \alpha_0 \cdot \cos \alpha_A \qquad (6.61)$$

$$\cos \theta_A = \cos \varphi \cdot \cos \gamma - \sin \varphi \cdot \sin \gamma \qquad (6.62)$$

$$\sin \theta_A = \sin \varphi \cdot \cos \gamma + \sin \gamma \cdot \cos \varphi \qquad (6.63)$$

$$x_A = r_A \cdot \cos \theta_A \qquad (6.64)$$

$$y_A = r_A \cdot \sin \theta_A \qquad (6.65)$$

6.6. Determinarea coeficientului TF la mecanismul cu camă rotativă şi tachet balansier cu rolă, (Modul F)

În continuare se determină coeficientul TF al mecanismului cu camă rotativă şi tachet balansier cu rolă (Modul F).

Forţele şi vitezele transmise de mecanism se pot urmări în figura 6.5.

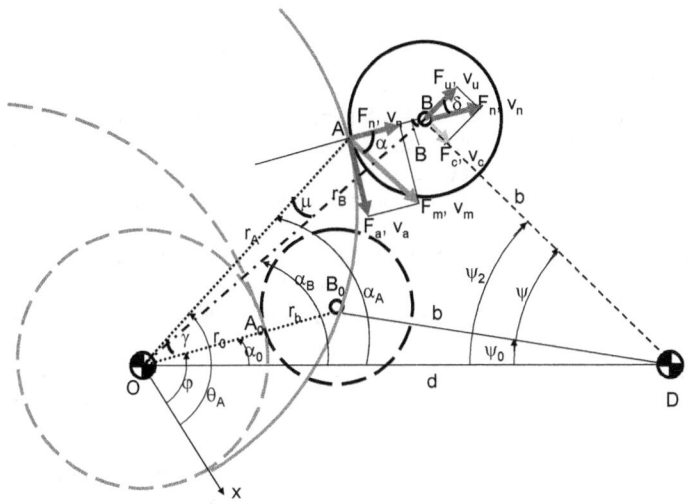

Fig. 6.5. Forţele şi vitezele la mecanismul cu camă rotativă şi tachet balansier cu rolă. Determinarea coeficientului TF al mecanismului.

Putem scrie următoarele forţe şi viteze (sistemul 6.66):

$$
\begin{cases}
F_a = F_m \cdot \sin \alpha \\
v_a = v_m \cdot \sin \alpha \\
F_n = F_m \cdot \cos \alpha \\
v_n = v_m \cdot \cos \alpha \\
F_c = F_n \cdot \sin \delta \\
v_c = v_n \cdot \sin \delta \\
F_u = F_n \cdot \cos \delta = F_m \cdot \cos \alpha \cdot \cos \delta \\
v_u = v_n \cdot \cos \delta = v_m \cdot \cos \alpha \cdot \cos \delta \\
P_u = F_u \cdot v_2 = F_m \cdot v_m \cdot \cos^2 \alpha \cdot \cos^2 \delta \\
P_c = F_m \cdot v_m
\end{cases}
\tag{6.66}
$$

Unde F_m şi v_m reprezintă forţa de intrare şi respectiv viteza de intrare, ambele perpendiculare pe OA în A.

Forţa F_m se descompune în două componente: F_a şi F_n.

Componenta F_a este o forţă de alunecare între profile, tangentă la cele două profile în contact în punctul A, ea producând alunecarea dintre cele două

51

profile (cel al camei şi cel al rolei tachetului). Această componentă dă şi un moment faţă de centrul rolei B, (M=F$_a$.r$_b$), moment care poate produce rostogolirea rolei (acest lucru este avantajos, deoarece se schimbă mereu punctul de contact de pe rolă, uzura acesteia fiind astfel redusă şi uniformizată pe toată suprafaţa rolei).

Componenta F$_n$, este cea principală, care se transmite rolei şi apoi tachetului. Ea este perpendiculară pe F$_a$ şi tangentă la dreapta n-n care trece prin punctele A şi B. Când tachetul urcă (ca în figura 6.5.) forţa F$_n$ apasă pe rolă, deci este îndreptată de la A la B. Forţa F$_n$ se transmite radial până în centrul rolei unde se descompune în două componente, pe două direcţii: o direcţie este în lungul tachetului de la B la D, iar cealaltă direcţie este perpendiculară pe tachet (pe DB) în B. Componenta F$_c$ apasă tachetul în lungul lui, comprimându-l, iar componenta F$_u$ perpendiculară în B pe DB, produce rotaţia tachetului în jurul articulaţiei D, ea fiind până la urmă singura componentă utilă.

Viteza de intrare v$_m$, se descompune într-o viteză de alunecare între profile, v$_a$, sau de rostogolire a rolei în raport cu cama în jurul articulaţiei B, cât şi într-o viteză normală (sau radială), v$_n$.

Componenta normală (radială), v$_n$, se descompune la rândul ei în alte două componente: v$_c$ şi v$_u$. Viteza v$_u$ fiind singura componentă utilă, care roteşte tachetul efectiv în jurul articulaţiei fixe D.

Relaţiile de legătură între forţe, cât şi cele dintre viteze, se dau în sistemul (6.66). Aşa cum se poate observa există două unghiuri de presiune, α şi δ.

Coeficientul TF instantaneu al mecanismului (vezi relaţia 6.67), este raportul dintre puterea utilă şi cea consumată, astfel încât utilizând ultimele două relaţii din sistemul (6.66), obţinem expresia coeficientului TF instantaneu al mecanismului (6.67), $\eta_i = \cos^2 \alpha \cdot \cos^2 \delta = (\cos \alpha \cdot \cos \delta)^2$, adică, tocmai produsul cosinusurilor celor două unghiuri de presiune, ridicat la pătrat. Utilizând relaţia (6.53), obţinem forma finală a expresiei coeficientului TF (vezi relaţia 6.67), în care unghiul de presiune intermediar, α, (suplimentar), este eliminat.

$$\eta_i = \frac{P_u}{P_c} = \cos^2 \alpha \cdot \cos^2 \delta = (\cos \alpha \cdot \cos \delta)^2 =$$
$$= (\frac{\psi' \cdot b}{r_A} \cdot \cos^2 \delta)^2 = \frac{\psi'^2 \cdot b^2}{r_A^2} \cdot \cos^4 \delta$$

$$(6.67)$$

6.7. Determinarea funcţiei de transmitere a mişcării, la mecanismul cu camă rotativă şi tachet balansier cu rolă, (Modul F)

În continuare se determină funcţia de transmitere a mişcării la mecanismul cu camă rotativă şi tachet balansier cu rolă (Modul F), funcţie notată cu D.

Cum am arătat în capitolele precedente, între viteza utilă şi viteza cunoscută v_2 a tachetului apare o diferenţă pe care o înglobăm în coeficientul de transmitere D, sau funcţia de transmitere, D.

Scriem viteza redusă a tachetului v_{B2r} sub forma cunoscută (6.68):

$$v_{B2r} = \frac{v_{B2}}{\omega} = b \cdot \psi'$$ (6.68)

Viteza absolută a tachetului în B, se obţine înmulţind viteza redusă cu ω (6.69):

$$v_{B2} = b \cdot \psi' \cdot \omega$$ (6.69)

O să scriem însă această viteză sub forma (6.70), împreună cu un coeficient de tansmitere a mişcării, D:

$$v_2 = b \cdot \psi' \cdot D \cdot \omega$$ (6.70)

Viteza utilă obţinută din figura (6.5.) şi a cărei expresie se regăseşte în sistemul (6.66), o rescriem în relaţia (6.71), unde introducem pentru produsul $\cos \alpha \cdot \cos \delta$ valoarea obţinută în expresia (6.53):

$$v_u = v_m \cdot \cos \alpha \cdot \cos \delta = v_m \cdot \frac{b \cdot \psi'}{r_A} \cdot \cos^2 \delta$$ (6.71)

Pentru viteza de intrare v_m luăm în varianta (1), convenabilă din punct de vedere dinamic, valoarea dată de expresia (6.72):

$$v_m = r_A \cdot \dot{\theta}_A = r_A \cdot \theta'_A \cdot \omega$$ (6.72)

Cu relaţia (6.72) expresia (6.71) capătă forma (6.73):

$$v_u = r_A \cdot \theta'_A \cdot \frac{\omega \cdot b \cdot \psi'}{r_A} \cdot \cos^2 \delta = b \cdot \psi' \cdot (\theta'_A \cdot \cos^2 \delta) \cdot \omega$$ (6.73)

Comparând expresiile (6.70) şi (6.73) identificăm coeficientul D sub forma (6.74):

$$D = \theta'_A \cdot \cos^2 \delta \qquad (6.74)$$

În varianta (2), clasică şi raţională, viteza de intrare v_m este dată de relaţia (6.75):

$$v_m = r_A \cdot \omega \qquad (6.75)$$

Caz în care funcţia de transmitere D ia forma simplificată (6.76):

$$D = \cos^2 \delta \qquad (6.76)$$

Pentru calculul dinamic, se va utiliza pentru funcţia de transmitere a mişcării, D, expresia completă (6.74), care convine din punct de vedere al rezultatelor, adepţii mecanicii clasice putând lua expresia (6.76), sau putând considera tot calculele dinamice dezvoltate pentru varianta (1), însă cu $\theta'_A = 1$.

6.8. Dinamica la Modulul F

Pentru calculul dinamic al mecanismului cu camă rotativă şi tachet balansier cu rolă se utilizează tot aceeaşi relaţie dinamică prezentată la capitolele anterioare (6.77), (6.78), (6.79):

Se utilizează pentru dinamica modulului F relaţia finală (6.77) şi un program de calcul care generează direct valoarea deplasării dinamice a supapei, X, în funcţie de câţiva parametri de intrare. Relaţia solicită doar funcţia de transmitere D, fără derivatele ei, iar pentru obţinerea vitezei reduse X', cât şi a acceleraţiei reduse, X'' folosim derivarea numerică a deplasării supapei, X. Dacă dorim scrierea exactă a ecuaţiilor de viteze şi acceleraţii funcţia D trebuie derivată de două ori.

$$\Delta X = - \frac{\dfrac{k^2 + 2kK}{(K+k)^2} \cdot s^2 + \dfrac{2kx_0}{K+k} \cdot s + \dfrac{[\dfrac{K^2}{(K+k)^2} \cdot m_S^* + m_T^*] \cdot \omega^2}{K+k} \cdot y'^2}{2 \cdot [s + \dfrac{kx_0}{K+k}]} \qquad (6.77)$$

$$\Delta X = -\frac{\dfrac{k^2 + 2kK}{(K+k)^2} \cdot s^2 + \dfrac{2kx_0}{K+k} \cdot s + \dfrac{[\dfrac{K^2}{(K+k)^2} \cdot m_s^{\bullet} + m_T^{\bullet}] \cdot \omega^2}{K+k} \cdot (D \cdot s')^2}{2 \cdot [s + \dfrac{kx_0}{K+k}]} \qquad (6.78)$$

Cunoscându-l pe ΔX îl putem determina imediat pe X cu relaţia (6.79):

$$X = s + \Delta X \qquad (6.79)$$

Deplasarea supapei, s, se obţine la Modulul F, înmulţind l cu ψ (vezi figura 6.6.). Cum i este dat de raportul b/l, iar i şi b se cunosc, se poate determina l ca fiind raportul dintre b şi i cunoscute (vezi relaţia 6.80), iar s şi derivatele lui se pot exprima cu grupul de relaţii (6.81)

$$l = \frac{b}{i} \qquad (6.80)$$

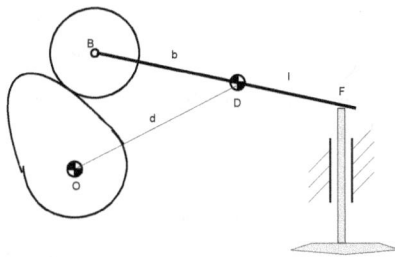

Fig. 6.6. Transformarea mişcării de rotaţie a tachetului,

în mişcare de translaţie a supapei. Schemă simplificată.

$$\begin{cases} s = \dfrac{b}{i} \cdot \psi \\[2mm] s' = \dfrac{b}{i} \cdot \psi' \\[2mm] s'' = \dfrac{b}{i} \cdot \psi'' \\[2mm] s''' = \dfrac{b}{i} \cdot \psi'' \end{cases} \qquad (6.81)$$

6.9. Analiza dinamică a modulului F

Se începe cu legea clasică SIN (vezi diagrama dinamică din figura 6.7.), pentru a o putea compara cu dinamica acestei legi de la modulul clasic C. Se utilizează o turaţie de n=5500 [rot/min], pentru o deplasare maximă teoretică atât la supapă cât şi la tachet, h=10 [mm]. Unghiul de fază este, $\varphi_u=\varphi_c=60$ [grad]; raza cercului de bază are valoarea, $r_0=24$ [mm]. Pentru raza rolei s-a adoptat valoarea $r_b=20$ [mm]; b=20[mm]; d=50[mm]; Coeficientul TF are o valoare ridicată, $\eta=12.0\%$; reglajele resortului sunt: k=60 [N/mm] şi $x_0=30$ [mm].

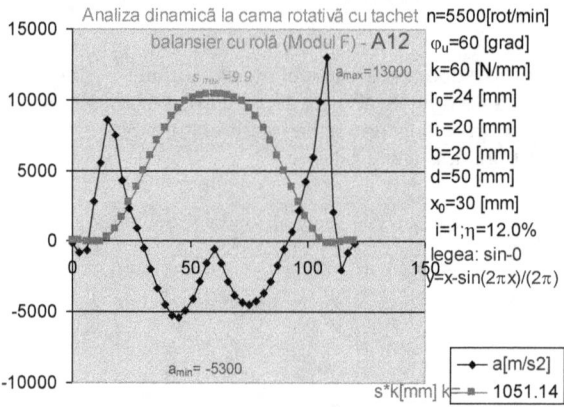

Fig. 6.7. Analiza dinamică la modulul F. Legea SIN, n=5500 [rot/min], $\varphi_u=60$ [grad], $r_0=24$ [mm], $r_b=20$ [mm].

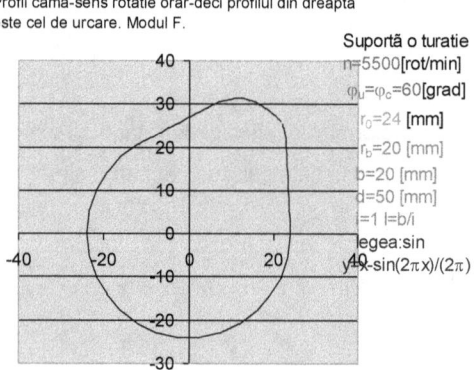

Fig. 6.8. Profilul SIN la modulul F. n=5500 [rot/min]

$\varphi_u=60$ [grad], $r_0=24$ [mm], $r_b=20$ [mm].

Dinamica este mai bună (în general) comparativ cu cea a Modulului clasic, C. Pentru un unghi de fază de numai 60 grade se ating aceleaşi vârfuri de acceleraţii pe care modulul clasic le atingea la o fază relaxată de 75-80 grade. În plus şi deplasarea maximă a tachetului (cursa), h_T, este mai mare (aproape dublă). În figura 6.8. se poate urmări profilul aferent. Pentru legea cos ridicarea este mai mare comparativ cu legea sin, (a se vedea diagrama dinamică din figura 6.9.).

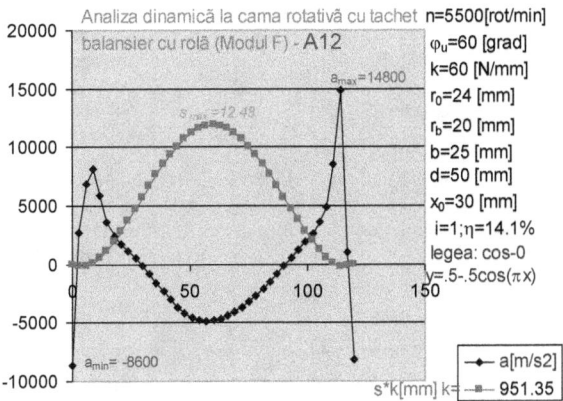

Fig. 6.9. Analiza dinamică la modulul F. Legea COS, n=5500 [rot/min]

Profilul COS, corespunzător poate fi urmărit în figura 6.10.

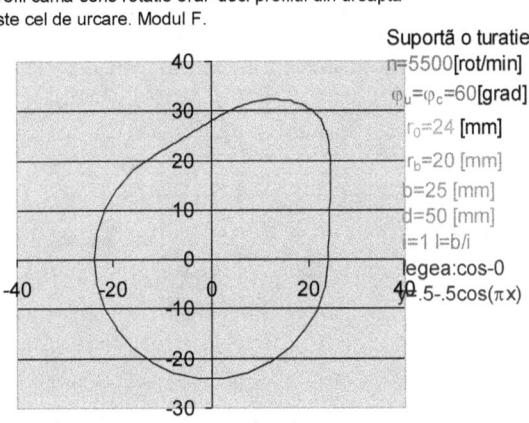

Fig. 6.10. Profilul COS la modulul F. n=5500 [rot/min]

φ_u=60 [grad], r_0=24 [mm], r_b=8 [mm], h_T=13 [mm].

În figura 6.11. se poate urmări dinamica pentru legea C4P1-0, iar în fig. 6.12. profilul aferent; utilizat astfel nu este interesant (vibraţii mari şi zone concave); se măreşte unghiul de urcare de la 45 la 85 [grad] şi rezultă profilul C4P3, care racordat, suportă o turaţie de 40000 [rot/min].

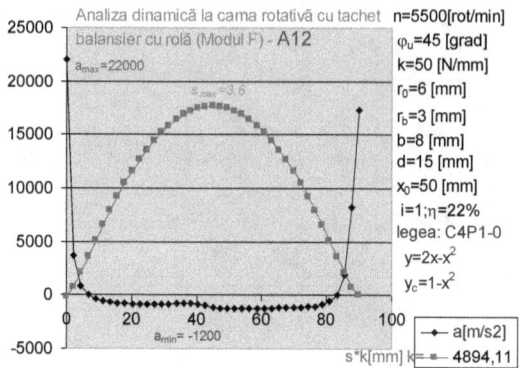

Fig. 6.11. Analiza dinamică la modulul F. Legea C4P1-0, n=5500 [rot/min]

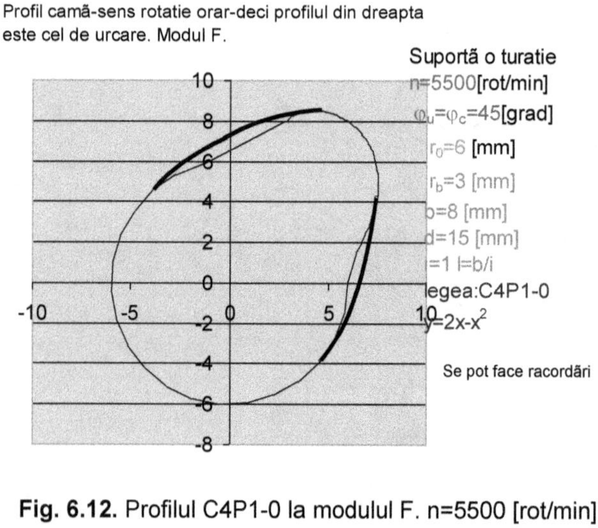

Profil camă-sens rotatie orar-deci profilul din dreapta
este cel de urcare. Modul F.

Fig. 6.12. Profilul C4P1-0 la modulul F. n=5500 [rot/min]

φ_u=45 [grad], r_0=10 [mm], r_b=3 [mm], h_T=6.28 [mm].

În figura 6.13. se poate urmări dinamica pentru legea C4P3-2, iar în fig. 6.14. profilul corespunzător (la care trebuiesc făcute racordările la urcare şi la revenire).

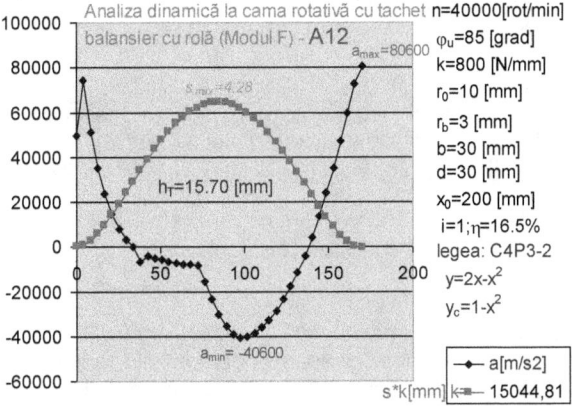

Fig. 6.13. Analiza dinamică la modulul F. Legea C4P3-2, n=40000 [rot/min]

Profil camă-sens rotatie orar-deci profilul din dreapta
este cel de urcare. Modul F.

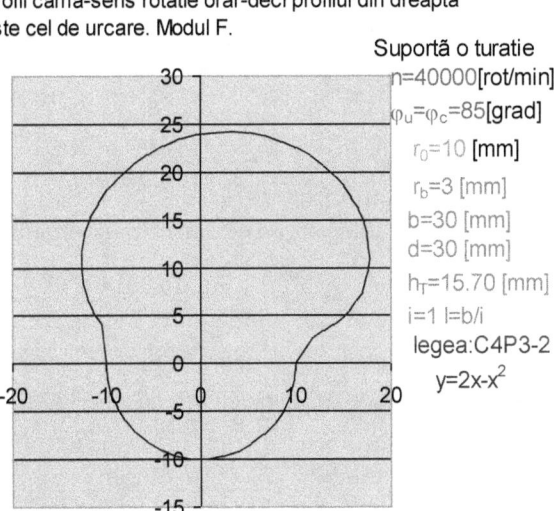

Fig. 6.14. Profilul C4P3-2 la modulul F. n=40000 [rot/min]
φ_u=85 [grad], r_0=10 [mm], r_b=3 [mm], h_T=15.70 [mm].

59

7. DINAMICA, MECANISMULUI DE DISTRIBUŢIE CU TACHET BALANSIER PLAT (MODUL H)

În cadrul capitolului 7 se va prezenta pe scurt mecanismul de distribuţie, cu camă rotativă şi tachet rotativ (balansier) plat (Modul H); a se vedea şi lucrările [P21], [P22], [P24], [P25], [P26], [P27], [P28], [P29], [P31], [P32-P38].

7.1. Prezentare generală

Mecanismele cu camă rotativă şi tachet rotativ (balansier) plat (Modul H), (fig. 7.1.), au o cinematică aparte, datorată în primul rând geometriei mecanismului (a se urmări schema cinematică din figura 7.1).

Relaţiile de calcul vor fi prezentate în continuare pe scurt.

Pentru uzul general se introduc relaţiile cinematice 7.1-7.4:

$$AH = [\sqrt{d^2 - (r_0 - b)^2} \cdot \cos \psi - (r_0 - b) \cdot \sin \psi] \cdot \frac{\psi'}{1 - \psi'} \qquad (7.1)$$

$$OH = b + (r_0 - b) \cdot \cos \psi + \sqrt{d^2 - (r_0 - b)^2} \cdot \sin \psi \qquad (7.2)$$

$$r^2 = AH^2 + OH^2 \qquad (7.3)$$

$$\sin \tau = \frac{AH}{r}; \quad \sin^2 \tau = \frac{AH^2}{r^2} = \frac{AH^2}{AH^2 + OH^2} \qquad (7.4)$$

Forţele, vitezele şi puterile, se determină cu relaţiile 7.5.;

$$F_n = F_m \cdot \cos \alpha = F_m \cdot \sin \tau; \quad v_n = v_m \cdot \cos \alpha = v_m \cdot \sin \tau \qquad (7.5)$$

CTF instantaneu, se determină cu relaţia 7.6.

$$\eta_i = \frac{P_n}{P_c} = \frac{F_n \cdot v_n}{F_m \cdot v_m} = \frac{F_m \cdot v_m \cdot \sin^2 \tau}{F_m \cdot v_m} = \sin^2 \tau = \frac{AH^2}{AH^2 + OH^2} \qquad (7.6)$$

60

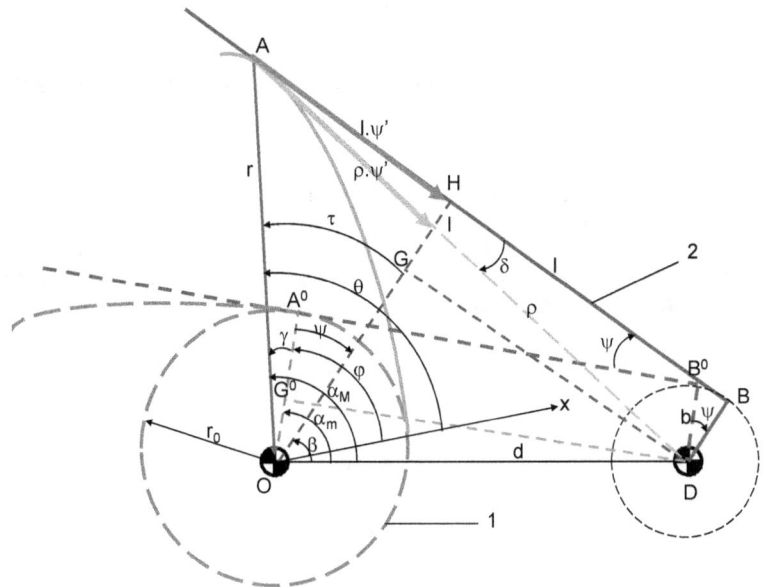

Fig. 7.1. Schema cinematică a mecanismului
cu camă rotativă şi tachet balansier plat (Modul H).

În figura 7.2 sunt prezentate forţele şi vitezele din cuplă.

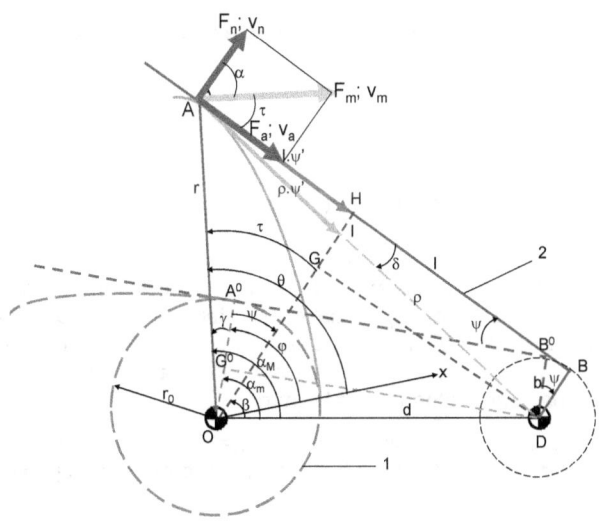

Fig. 7.2. Distribuţia forţelor şi a vitezelor la mecanismul
cu camă rotativă şi tachet balansier plat (Modul H).

61

7.2. Dinamica la Modulul H

Pentru calculul dinamic al mecanismului cu camă rotativă şi tachet balansier plat se utilizează relaţiile dinamice (7.7), (7.8), (7.9).

Se utilizează pentru dinamica modulului H relaţia finală (7.7) care generează direct valoarea deplasării dinamice a supapei, X, în funcţie de câţiva parametri de intrare. Relaţia solicită doar funcţia de transmitere D, fără derivatele ei, iar pentru obţinerea vitezei reduse X', cât şi a acceleraţiei reduse, X'' folosim derivarea numerică a deplasării supapei, X.

$$\Delta X = -\dfrac{\dfrac{k^2 + 2kK}{(K+k)^2} \cdot s^2 + \dfrac{2kx_0}{K+k} \cdot s + \dfrac{[\dfrac{K^2}{(K+k)^2} \cdot m_s^* + m_T^*] \cdot \omega^2}{K+k} \cdot y'^2}{2 \cdot [s + \dfrac{kx_0}{K+k}]} \qquad (7.7)$$

$$\Delta X = -\dfrac{\dfrac{k^2 + 2kK}{(K+k)^2} \cdot s^2 + \dfrac{2kx_0}{K+k} \cdot s + \dfrac{[\dfrac{K^2}{(K+k)^2} \cdot m_s^* + m_T^*] \cdot \omega^2}{K+k} \cdot (D \cdot s')^2}{2 \cdot [s + \dfrac{kx_0}{K+k}]} \qquad (7.8)$$

Cunoscându-l pe ΔX îl putem determina imediat pe X cu relaţia (6.79):

$$X = s + \Delta X \qquad (7.9)$$

7.3. Analiza dinamică a modulului H

Se prezintă legea clasică SIN (vezi diagrama dinamică din figura 7.3.), pentru a o putea compara cu dinamica acestei legi de la modulul clasic C. Se utilizează o turaţie de n=5500 [rot/min], pentru o deplasare maximă teoretică atât la supapă cât şi la tachet, h=8.72 [mm]. Unghiul de fază este, $\varphi_u = \varphi_c = 80$ [grad]; raza cercului de bază are valoarea, $r_0 = 13$ [mm].

Coeficientul TF are o valoare ridicată, η=12.9%; reglajele resortului sunt: k=60 [N/mm] şi x_0=40 [mm]. În figura 7.4 este trasat profilul corespunzător (Modul H – legea SIN).

Pentru legea C4P, cu reglajele şi racordările corespunzătoare, se poate ajunge până la o turaţie a motorului de 30000 [rot/min], însă randamentul şi deplasarea sunt mici, deoarece a crescut r_0; a se urmări analiza dinamică din fig. 7.5. şi profilul corespunzător din fig. 7.6.

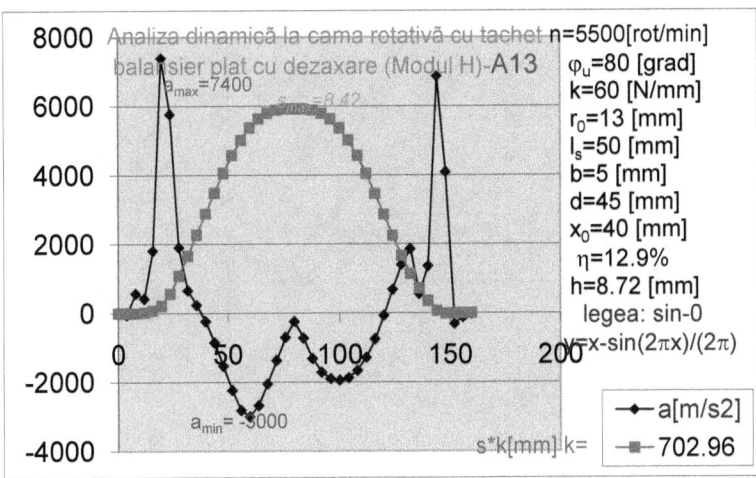

Fig. 7.3. Analiza dinamică la mec. cu camă rotativă și tachet balansier plat (Modul H). Legea SIN; n=5500 r/m. Coeficientul TF =13%.

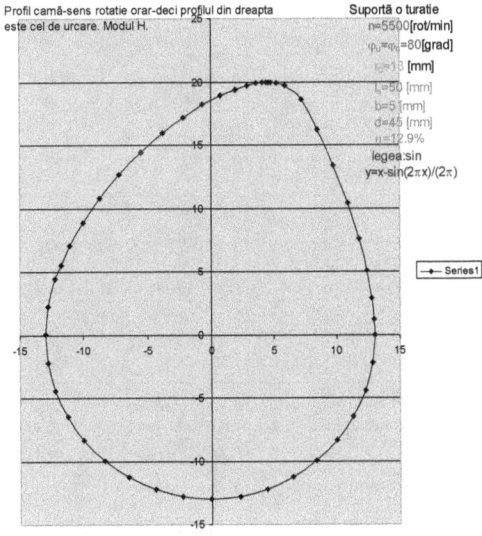

Fig. 7.4. Trasarea profilului SIN al camei rotative cu tachet balansier plat (Modul H).

63

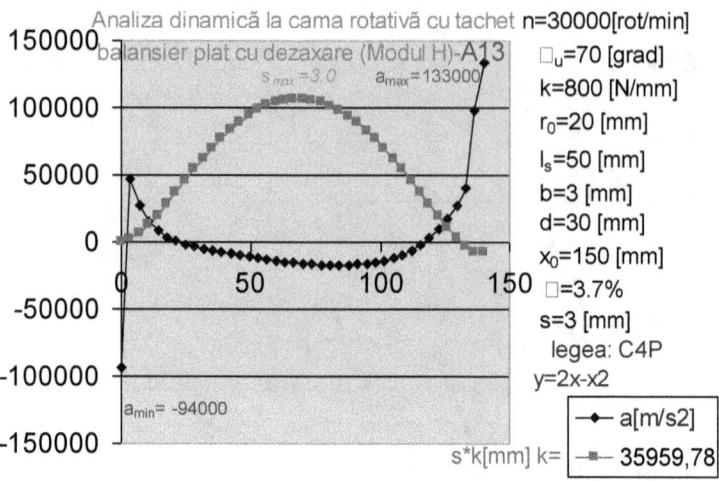

Fig. 7.5. Analiza dinamică la mec. cu camă rotativă și tachet balansier plat (Modul H). Legea C4P; n=30000 [rot/min]. Coeficientul TF =3.7%.

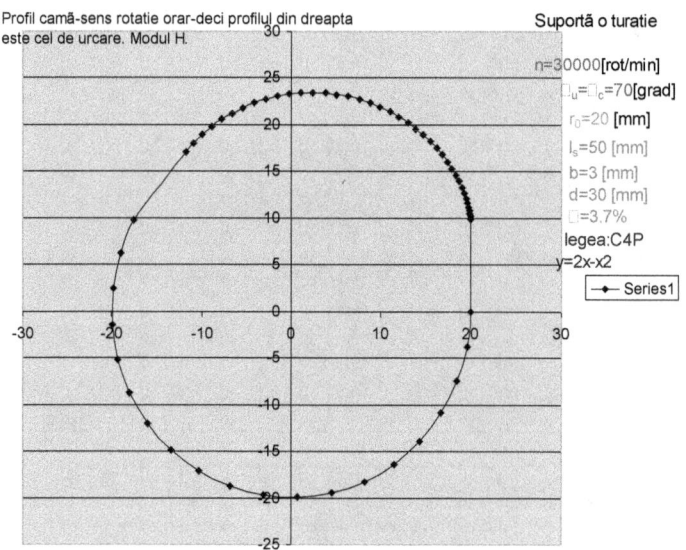

Fig. 7.6. Trasarea profilului C4P al camei rotative cu tachet balansier plat (Modul H).

8. MODELE DINAMICE ALE MECANISMELOR CU CAME

8.1. Model dinamic cu un grad de libertate, cu dublă amortizare internă

În lucrarea [W1] se prezintă un model dinamic de bază, cu un singur grad de libertate, cu două resorturi și cu dublă amortizare internă, pentru simularea mișcării mecanismului cu camă și tachet (vezi fig. 8.1.) și relațiile de calcul (8.1-8.2).

$$\ddot{x} + 2\xi_2 \omega_2 \dot{x} + \omega_2^2 x = \omega_1^2 y + 2\xi_1 \omega_1 \dot{y} \tag{8.1}$$

$$\omega_1 = \frac{K_1}{M} ; \omega_2 = \frac{(K_1 + K_2)}{M} ;$$

$$2\xi_1 \omega_1 = \frac{c_1}{M} ; 2\xi_2 \omega_2 = \frac{(c_1 + c_2)}{M} \tag{8.2}$$

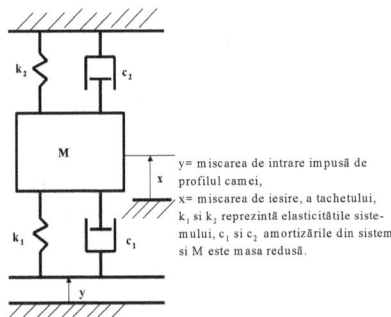

y= miscarea de intrare impusă de profilul camei,
x= miscarea de iesire, a tachetului,
k_1 si k_2 reprezintă elasticitățile sistemului, c_1 si c_2 amortizările din sistem si M este masa redusă.

Fig. 8.1. Model dinamic cu un grad de libertate, cu dublă amortizare internă

Ecuația de mișcare a sistemului propus (8.1), utilizează notațiile (relațiile) din sistemul (8.2); ω_1 și ω_2 reprezintă pulsațiile proprii ale sistemului și se calculează din sistemul de relații (8.2), în funcție de elasticitățile K_1 și K_2 ale sistemului din figura 8.1, cât și în funcție de masa redusă M, a sistemului.

8.2. Model dinamic cu două grade de libertate, fără amortizare internă

În lucrarea [F1] este prezentat modelul dinamic de bază al unui mecanism cu camă, tachet și supapă, cu două grade de libertate, fără amortizare internă (vezi fig. 8.2.).

$$y = x + z \tag{8.3}$$

$$m \frac{d^2 y}{dt^2} + (K_1 + K)y = K_1 x - s_0 \qquad (8.4)$$

$$F_n = m_1 \ddot{x} - K_1(y - x) = m_1 \ddot{x} - k_1 z \qquad (8.5)$$

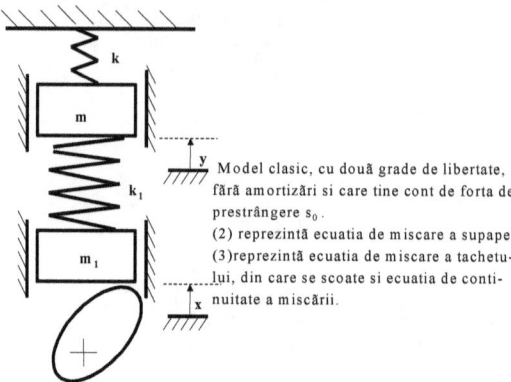

Model clasic, cu două grade de libertate, fără amortizări si care tine cont de forta de prestrângere s_0.
(2) reprezintă ecuatia de miscare a supapei
(3) reprezintă ecuatia de miscare a tachetu-lui, din care se scoate si ecuatia de conti-nuitate a miscării.

Fig. 8.2. Model dinamic cu două grade de libertate, fără amortizare internă

8.3. Model dinamic cu un grad de libertate cu amortizare internă şi externă

Un model dinamic cu ambele amortizări din sistem, cea externă (a resortului supapei) si cea internă, este cel prezentat în lucrarea [J2], (vezi fig. 8.3.).

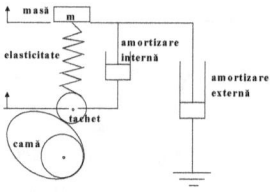

Fig. 8.3. Model dinamic cu un grad de libertate   cu
amortizare internă şi externă

8.4. Model dinamic cu un grad de libertate,
ţinând cont de amortizarea internă a resortului supapei

Un model dinamic cu un grad de libertate, generalizat, este prezentat în lucrarea [T7], (vezi fig. 8.4.):

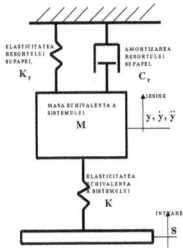

Fig. 8.4. Model dinamic cu un grad de libertate, ţinând cont de amortizarea internă a resortului supapei

Ecuaţia de mişcare se scrie sub forma (8.6):

$$\frac{M}{K}\frac{d^2 y}{dt^2} + \frac{C_r}{K}\frac{dy}{dt} + \frac{(K + K_r)}{K} y = S \qquad (8.6)$$

Utilizând relaţia cunoscută (8.7) ecuaţia (8.6) ia forma (8.8):

$$\frac{d^K y}{dt^K} = y^{(K)} \omega^K \qquad (8.7)$$

$$S = \mu_M y'' + \mu_C y' + \mu_K y \qquad (8.8)$$

unde coeficienţii μ au forma (8.9):

$$\mu_M = \frac{M}{K}\omega^2 ; \mu_C = \frac{C_r}{K}\omega ; \mu_K = \frac{(K + K_r)}{K} \cong 1, cu K_r << K \qquad (8.9)$$

Reacţiunea verticală are forma:

$$F_K = K(S - y) + P = M\omega^2 y'' + C_r \omega y' + K_r y + P \qquad (8.10)$$

8.5. Model dinamic cu două grade de libertate, cu dublă amortizare

Tot în lucrarea [T7] se prezintă modelul cu două grade de libertate (vezi fig. 8.5.), cu dublă amortizare:

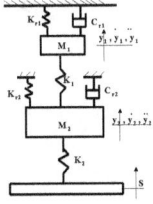

Fig. 8.5. Model dinamic cu două grade de libertate, cu dublă amortizare

Relațiile de calcul utilizate sunt (8.11-8.16):

$$S = P_4 y_1'''' + P_3 y_1''' + P_2 y_1'' + P_1 y_1' + P_0 y_1 \tag{8.11}$$

$$P_4 = \frac{M_1 M_2}{K_1 K_2} \omega^4 \tag{8.12}$$

$$P_3 = \frac{(M_2 C_{r1} + M_1 C_{r2})}{K_1 K_2} \omega^3 \tag{8.13}$$

$$P_2 = \frac{[M_2 (K_1 + K_{r1}) + M_1 (K_1 + K_2 + K_{r2}) + C_{r1} C_{r2}]}{K_1 K_2} \omega^2 \tag{8.14}$$

$$P_1 = \frac{[C_{r2} (K_1 + K_{r1}) + C_{r1} (K_1 + K_2 + K_{r2})]}{K_1 K_2} \omega \tag{8.15}$$

$$P_0 = \frac{(K_1 K_{r1} + K_1 K_2 + K_2 K_{r1} + K_1 K_{r2} + K_{r1} K_{r2})}{K_1 K_2} \tag{8.16}$$

8.6. Model dinamic cu patru grade de libertate, cu vibrații torsionale

În lucrarea [S5] se propune un model dinamic cu 4 grade de libertate, obținute astfel:

modelul are două mase în mișcare; acestea prin vibrația verticală impun fiecare câte un grad de libertate; una din mase se consideră că vibrează și transversal, generând încă un grad de libertate; iar ultimul grad de libertate, este generat de vibrația torsională a arborelui cu came (vezi fig. 8.6.).

Relațiile de calcul sunt (8.17-8.20).

Primele două ecuații rezolvă vibrațiile normale verticale, a treia ecuație ține cont de vibrația torsională a arborelui cu came, iar ultima ecuație (independentă de celelalte), cea de-a patra, se ocupă numai de vibrația transversală a sistemului.

$$M\ddot{x}_1 + 2c\dot{x}_1 + (k + K)x_1 - c\dot{x}_2 - Kx_2 = -P(t) \tag{8.17}$$

$$m\ddot{x}_2 + 2c\dot{x}_2 + (K + k_{ac})x_2 - \\ - c\dot{x}_1 - Kx_1 = F_v + c\dot{s} + k_{ac}s \tag{8.18}$$

$$J\ddot{q} + c_r \dot{q} + k_r q - s' k_{ac} x_2 - cs' \dot{x}_2 = -s'(k_{ac} s + cs') \tag{8.19}$$

$$m\ddot{u} + k_t u = F_h \tag{8.20}$$

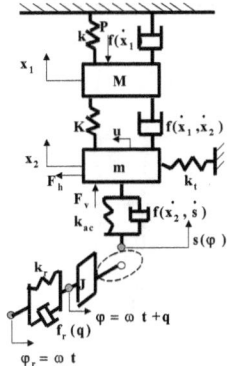

Fig. 8.6. Model dinamic cu patru grade de libertate cu vibrații torsionale

8.6.1. Model dinamic monomasic amortizat

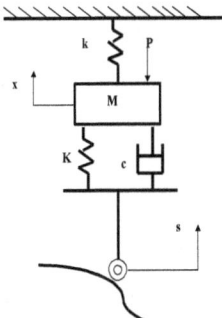

Fig. 8.7. Model dinamic monomasic amortizat

Tot în lucrarea [S5] este prezentat un model dinamic simplificat, monomasic amortizat (vezi fig. 8.7.).

Ecuația de mișcare folosită are forma (8.21):

$$M\ddot{x} + c\dot{x} + (k + K)x = c\dot{s} + Ks - P \qquad (8.21)$$

Care se poate scrie mai convenabil, (8.22):

$$x'' = A_1(y' - x') + \omega_1^2(y - x) - F \qquad (8.22)$$

Unde coeficienții A_1, ω_1^2 și F se calculează cu expresiile date în relația (8.23):

$$A_1 = \frac{ct_0}{M}; \omega_1^2 = \frac{(2K + k)t_0^2}{M}; F = \frac{Pt_0^2}{Ms_0} \qquad (8.23)$$

8.6.2. Model dinamic bimasic amortizat

În figura 8.8. este prezentat modelul bimasic propus în lucrarea [S5].

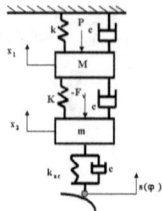

Fig. 8.8. Model dinamic bimasic amortizat

Modelul matematic se scrie:

$$M\ddot{x}_1 + 2c\dot{x}_1 + (k + K)x_1 - c\dot{x}_2 - Kx_2 = -P(t) \tag{8.24}$$

$$m\ddot{x}_2 + 2c\dot{x}_2 + (K + k_{ac})x_2 - c\dot{x}_1 - Kx_1 =$$
$$= F_v + c\dot{s} + k_{ac}s \tag{8.25}$$

Ecuaţiile (8.24-8.25) se pot scrie sub forma:

$$x_1^{''} = A_1(x_2^{'} - 2x_1^{'}) + \omega_1^2(x_2 - x_1) - F \tag{8.26}$$

$$x_2^{''} = A_1(y' - 2x_2^{'} + x_1^{'}) + \omega_2^2(y - x_2) +$$
$$+ \mu\omega_1^2 x_1 + [\mu F + (1 + \mu)y''](B_1 + B_2 y' + B_3 y) \tag{8.27}$$

unde s-au folosit notaţiile (8.28):

$$\mu = \frac{M}{m} \Rightarrow \text{raportul celor două mase,}$$

$$\omega_2^2 = \frac{(k_{ac} + K)t_0^2}{m} \cong \frac{k_{ac}t_0^2}{m} \Rightarrow \text{pulsaţia proprie adimensională a masei m,}$$

$$B_1 = \mu_1; B_2 = \frac{\mu_2 s_0}{\varphi_0}; B_3 = \mu_3 s_0 \tag{8.28}$$

8.6.3. Model dinamic monomasic cu vibraţii torsionale

În figura 8.9. se poate vedea un model dinamic monomasic, care ţine cont şi de vibraţiile torsionale ale arborelui cu came [S5]:

70

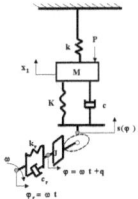

Fig. 8.9. Model dinamic monomasic cu vibraţii torsionale

Studiul evidenţiază faptul că vibraţiile torsionale ale arborelui cu came au o influenţă neglijabilă şi deci ele pot fi excluse din modelele de calcul dinamice.

Aceiaşi concluzie rezultă şi din lucrarea [S6] unde modelul cu torsiune este studiat mai amănunţit.

8.6.4. Influenţa vibraţiilor transversale

Elasticitatea tachetului, lungimea variabilă a tachetului în timpul funcţionării mecanismului cu came, variaţia unghiului de presiune, excentricitatea tachetului, frecările din cuplele cinematice, uzura cuplei de translaţie, erorile tehnologice şi de fabricaţie, jocurile din sistem şi alţi factori, sunt elemente care favorizează prezenţa unei vibraţii transversale a masei tachetului [S5]. În cazul unor vibraţii de amplitudine ridicată, parametrii de răspuns la ultimul element al sistemului urmăritor vor fi influenţaţi. Urmărind figura 8.10., se poate constata că dacă curba **a**, este traiectoria vârfului **A**, al tachetului, punctul **A** va ajunge periodic în punctul **A'**, caz în care cursa reală a tachetului y_r, se va modifica după legea: **$y_r=y-y_v=y-u.tgv$** , unde y este deplasarea longitudinală a tachetului, u reprezintă deplasarea transversală a masei m, a tachetului, iar v este unghiul de presiune. Cursa reală a tachetului, y_r, se va modifica după legea (8.29):

$$y_r = y - y_v = y - utg\,(v) \tag{8.29}$$

Ecuaţia de mişcare (adimensională) se scrie (8.30):

$$u'' + \frac{A_1 u}{(1 - A_2 y)^3} = [F + (1 + \mu)y''](B_{11} + B_{21}y' + B_{31}y) \tag{8.30}$$

unde s-au notat cu (8.31) constantele adimensionale:

$$A_1 = \frac{3\,EIt_0^2}{ma^3}; A_2 = \frac{s_0}{a};$$
$$B_{11} = f_1 B_1; B_{21} = f_1 B_2; B_{31} = f_1 B_3 \tag{8.31}$$

Tot în lucrarea [S5] se analizează influenţa diametrului tijei tachetului, a intervalului de ridicare, a lungimii maxime aflate în afara ghidajelor tachetului, a cursei maxime de ridicare, precum şi a diverselor profile de came, asupra traiectoriei punctului A.

<u>Concluzii:</u>

Se constată că reducerea diametrului tijei tachetului conduce la mărirea amplitudinii şi micşorarea frecvenţei medii a vibraţiilor transversale. Reducerea diametrului de 1.35 ori, conduce la creşterea amplitudinii de aproape trei ori, iar frecvenţa medie scade sensibil. Amplitudinile iniţiale sunt mai mari la începutul intervalului, către mijlocul intervalului de ridicare scad, oscilaţia devenind neînsemnată, iar către sfârşitul ridicării, din cauza reducerii lungimii a, prin scăderea cursei y, frecvența crește și în consecință amplitudinea scade de la dublu la simplu, față de începutul intervalului. Mărirea lungimii tachetului în afara ghidajelor sale de la 2.2 la 3 cm, conduce la creșterea amplitudinii vibrației de circa 25 ori. Legea de mișcare fără salturi în curba accelerației de intrare reduce amplitudinea vibrației transversale a tachetului. Autorul lucrării [S5] menționează că oricare ar fi influența parametrilor enumerați, pentru cazurile considerate, valorile amplitudinii rămân destul de mici, iar în cazul unor frecări reduse în cupla superioară, ele pot scădea și mai mult. Prin urmare conchide autorul lucrării [S5], vibrațiile transversale ale tachetului există și trebuie să atragă atenția constructorului numai în cazul unor valori exagerate, ale constantelor care caracterizează aceste vibrații. În ceea ce privește distribuția motoarelor cu ardere internă, vibrația transversală poate fi neglijată fără a se afecta parametrii de răspuns, realizați la supapă.

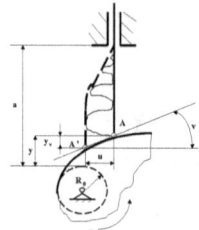

8.10. Influența vibrațiilor transversale

8.7. Model dinamic cu patru grade de libertate, cu vibrații de încovoiere

În lucrarea [K3] este prezentat un model dinamic cu patru grade de libertate, având o singură masă oscilantă în mișcare de translație, care reprezintă unul dintre cele patru grade de libertate. Celelalte trei libertăți rezultă dintr-o deformație de torsiune a arborelui cu came, o deformație de încovoiere pe verticală (z), tot a arborelui cu came și o deformație de încovoiere a aceluiași arbore, pe orizontală (y), toate trei deformațiile producându-se într-un plan perpendicular pe axa de rotație (vezi fig. 8.11.).

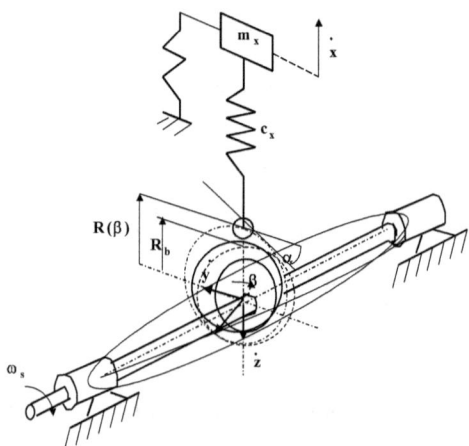

Fig. 8.11. Model dinamic cu patru grade de libertate, cu vibrații de încovoiere

Lucrarea [K3] este extrem de interesantă prin modelul pe care îl propune (se iau în studiu toate tipurile de deformații), dar mai ales prin ipoteza pe care o avansează și anume: turația camei nu este constantă, ci variabilă, viteza unghiulară a camei $\omega = f(\beta)$ fiind o funcție de poziția camei (unghiul de rotație al camei $= \beta$).

Viteza unghiulară a camei este o funcție de unghiul de poziție β (pe care uzual îl notăm cu φ), iar variația ei este cauzată de cele trei deformații (una de torsiune și două încovoieri) ale arborelui, cât și de jocurile unghiulare existente între sursa motoare (de antrenare) și arborele cu came.

Modelul matematic ținând cont de flexibilitatea arborelui cu came este următorul; rigiditatea de legătură între camă și tachet este o funcție de poziția β (unghiul de rotație al camei), vezi relația (8.32):

$$\frac{1}{C(\beta)} = \frac{1}{C_x} + \frac{1}{C_z} + [\frac{1}{C_\beta(\beta)} + \frac{1}{C_y}]tg^2\alpha \qquad (8.32)$$

$$\frac{1}{C_c} = \frac{1}{C_x} + \frac{1}{C_z} \qquad (8.33)$$

Unde $1/C_c$ vezi (8.33) este o rigiditate constantă, dată de rigiditățile tachetului (C_x) și a camei (C_z) pe direcția de lucru a tachetului.

$$\frac{1}{C_{tan}(\beta)} = \frac{1}{C_\beta(\beta)} + \frac{1}{C_y} \qquad (8.34)$$

Iar: $1/C_{tan}(\beta)$ vezi (8.34) reprezintă rigiditățile tangențiale, C_β fiind rigiditatea la torsiune a camei și C_y rigiditatea la încovoierea după axa y a camei, cu, $C_\beta(\beta)$ dată de relația (8.35) .

$$C_\beta(\beta) = \frac{K}{[R(\beta)]^2} \qquad (8.35)$$

Cu (8.33) și (8.34) relația (8.32) se rescrie sub forma (8.36):

$$\frac{1}{C(\beta)} = \frac{1}{C_c} + \frac{tg^2\alpha}{C_{tan}(\beta)} \qquad (8.36)$$

Unde α, este unghiul de presiune, care în general e o funcție de β, iar la tacheții plați (folosiți la mecanismele de distribuție), are valoarea constantă (zero): $\alpha = 0$.

Ecuația de mișcare se scrie sub forma (8.37):

$$m.\ddot{x} + C(\beta).x = C(\beta).h(\beta) \qquad (8.37)$$

unde h(β) este legea de mișcare impusă tachetului de către camă.

Unghiul de presiune, α, influențează astfel (8.38):

$$tg\alpha = \frac{1}{R(\beta)}\frac{dh}{d\beta} \qquad (8.38)$$

Unde R(β), este raza curentă, care dă poziția camei (distanța de la centrul camei la punctul de contact camă-tachet) și se aproximează prin raza medie, $R_{1/2}$. Relația (8.38) se poate pune sub forma (8.39); Unde raza medie, $R_{1/2}$, se obține cu formula (8.40):

$$tg\,\alpha = \frac{1}{R_{1/2}}\frac{\dot{h}}{\omega_s} \quad (8.39) \qquad\qquad R_{1/2} = R_b + \frac{1}{2}h_m \quad (8.40)$$

R_b este raza cercului de bază, iar h_m este cursa maximă proiectată a tachetului. Se obține astfel o rază medie, care este utilizată în calcule, pentru simplificări; ω_s=viteza unghiulară a mașinii, constantă, dată de turația mașinii. Ecuația (8.37) se poate scrie acum:

$$\ddot{x} = \frac{C_c.[h(t) - x]}{m.[1 + \frac{C_c}{C_{tan}}(\frac{1}{R_{1/2}}\frac{\dot{h}}{\omega_s})^2]} \quad (8.41)$$

Rezolvarea ecuației (8.41) se face pentru α=0, cu următoarele notații:

Perioada vibrației naturale se determină cu relația (8.42);

$$T_c = 2\pi\sqrt{\frac{m}{C_c}} \quad (8.42)$$

Rația perioadei vibrației naturale se obține cu formula (8.43);

$$\tau = \frac{T_c}{t_m} \quad (8.43)$$

Panta în timpul ridicării camei (8.44) este;

$$tg\,\alpha_{mc} = \frac{h_m}{R_{1/2}.\beta_m} \quad (8.44)$$

Factorul rigidității arborelui se obține cu formula (8.45);

$$F_a = \frac{C_c}{C_{tan}}tg^2\alpha_{mc} \quad (8.45)$$

Cu parametrii adimensionali dați de (8.46);

$$H = \frac{h}{h_m}; X = \frac{x}{h_m}; T = \frac{t}{t_m}; \dot{H} = \frac{h}{h_m}t_m; \ddot{X} = \frac{x}{h_m}t_m^2 \quad (8.46)$$

Ecuația de mișcare se scrie sub forma (8.47):

$$\ddot{X} = (\frac{2\pi}{\tau})^2.\frac{H - X}{1 + \dot{H}^2.F_a} \quad (8.47)$$

Curba nominală a camei este cunoscută (8.48) și (8.49):

$$\dot{H} = \dot{H}(T) \quad (8.48)$$

$$H = H(T)$$ (8.49)

Cu (8.47), (8.48) şi (8.49) se calculează răspunsul dinamic printr-o metodă numerică. Autorul lucrării [K3] dă un exemplu numeric, pentru o lege de mişcare, corespunzătoare camei cicloidale (8.50):

$$H = T - \frac{1}{2\pi} \sin(2\pi.T)$$ (8.50)

Lucrarea este interesantă mai ales prin modul în care reuşeşte (să cupleze) să transforme cele patru grade de libertate într-unul singur, utilizând în final o singură ecuaţie de mişcare după axa principală. Modelul dinamic prezentat poate fi utilizat integral sau numai parţial, astfel încât pe un alt model dinamic clasic sau nou, să se insereze, ideea utilizării deformaţiilor pe diferite axe, cu efectul lor cumulat pe o singură axă.

2.8. Modele dinamice cu amortizare internă variabilă

Dacă în general problema elasticităţilor este rezolvată, în problema amortizărilor sistemului lucrurile nu sunt clare şi bine puse la punct.

De obicei se consideră o valoare "c" constantă pentru amortizarea internă a sistemului şi uneori aceeaşi valoare c şi pentru amortizarea resortului elastic care susţine supapa. Aproximarea este însă mult forţată, ştiut fiind că, amortizarea resorturilor elastice este variabilă, iar pentru resorturile clasice, cilindrice, cu parametru de elasticitate (k) constant, cu deplasare liniară cu forţa, amortizarea este mică şi se poate considera zero. Trebuie să se facă specificaţia faptului că amortizarea nu înseamnă neapărat oprirea (sau opoziţia) mişcării, ci amortizare înseamnă consum de energie în scopul frânării mişcării (elementele elastice din cauciuc au o amortizare considerabilă; la fel şi amortizoarele hidraulice). Arcurile metalice elicoidale, au în general o amortizare mică (neglijabilă). Efectul de frânare pe care îl realizează aceste resorturi creşte odată cu constanta elastică (rigiditatea k a arcului) şi cu forţa de prestrângere (P_0 ori F_0) a resortului (altfel spus cu săgeata statică a arcului, $x_0 = P_0 /k$). Energia se transformă în permanenţă dar nu se disipează (din acest motiv randamentul acestor resorturi este în general mai mare). În lucrările [A15] şi [A17] sunt prezentate două modele dinamice cu amortizarea internă a sistemului, c, variabilă. Determinarea amortizării interne a sistemului, c, are la bază comparaţia între coeficienţii ecuaţiei dinamice, scrisă în două moduri diferite, Newtonian şi Lagrangian.

8.8.1. Model dinamic cu un grad de libertate, cu amortizarea internă a sistemului - variabilă –

În lucrarea [A15] se prezintă un model dinamic cu un grad de libertate, cu considerarea amortizării interne a sistemului (c), amortizare pentru care se consideră o funcţie specială. Mai exact se defineşte coeficientul de amortizare al sistemului (c), ca parametru variabil depinzând de masa redusă a mecanismului (m^* sau J_{redus}) şi de timp, adică, c, depinde de derivata lui m_{redus} în funcţie de timp. Ecuaţia de mişcare, diferenţială, a mecanismului, se scrie considerând deplasarea supapei ca răspuns dinamic.

8.8.1.1. Determinarea coeficientului de amortizare al mecanismului

Pornindu-se de la schema cinematică a mecanismului de distribuţie clasic (vezi figura 8.12.) se construieşte modelul dinamic monomasic (cu un singur grad de libertate), translant, cu amortizare variabilă (vezi figura 8.13.), a cărui ecuaţie de mişcare este:

$$M \cdot \ddot{x} = K \cdot (y - x) - k \cdot x - c \cdot \dot{x} - F_0 \qquad (8.51)$$

Ecuația (8.51) nu este altceva decât ecuația lui Newton, în care suma de forțe pe un element, pe o anumită direcție (x), este egală cu zero.

Notațiile din formula (8.51) sunt următoarele:

M- masa mecanismului redusă la supapă;

K- constanta elastică redusă a lanțului cinematic (rigiditatea lanțului cinematic);

k- constanta elastică a arcului supapei;

c- coeficientul de amortizare al întregului lanț cinematic (amortizarea internă a sistemului);

$F \equiv F_0$ – forța elastică de prestrângere a arcului supapei;

x- deplasarea efectivă a supapei;

$y \equiv s$ - legea de deplasare a tachetului (impusă de profilul camei) redusă la axa supapei.

Ecuația Newton (8.51) se ordonează astfel:

$$M \cdot \ddot{x} + c \cdot \dot{x} = K \cdot (y - x) - (F_0 + k \cdot x) \qquad (8.52)$$

Totodată ecuația diferențială a mecanismului se scrie și sub forma Lagrange, (8.53), (Ecuația Lagrange).

$$M \cdot \ddot{x} + \frac{1}{2} \frac{dM}{dt} \dot{x} = F_m - F_r \qquad (8.53)$$

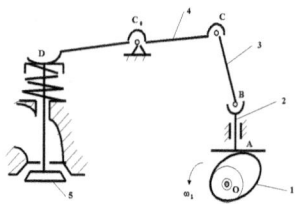

Fig. 8.12. Schema cinematică a mecanismului clasic de distribuție

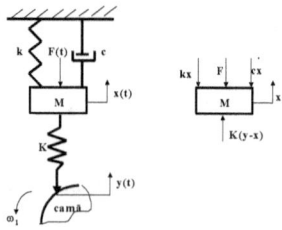

Fig. 8.13. Model dinamic monomasic, cu amortizarea internă a sistemului variabi

Ecuația (8.53), care nu este altceva decât ecuația diferențială Lagrange, permite ca prin identificarea coeficienților polinomului, cu cei ai polinomului Newtonian (8.52), să se obțină forța rezistentă redusă la supapă (8.54), forța motoare redusă la supapă (8.55), cât și expresia lui c, adică expresia coeficientului variabil de amortizare internă, a sistemului, (8.56).

$$F_r = F_0 + k.x = k.x_0 + k.x = k.(x_0 + x) \qquad (8.54)$$

$$F_m = K.(y - x) = K.(s - x) \qquad (8.55)$$

$$c = \frac{1}{2}.\frac{dM}{dt} \qquad (8.56)$$

Se obține astfel o nouă formulă, (8.56), în care coeficientul de amortizare internă (a unui sistem dinamic), este egal cu jumătate din derivata cu timpul a masei reduse a sistemului dinamic respectiv.

Ecuația de mișcare Newton (8.51, sau 8.52), prin înlocuirea lui c, ia forma (8.57):

$$M.\ddot{x} + \frac{1}{2}\frac{dM}{dt}\dot{x} + (K + k).x = K.y - F_0 \qquad (8.57)$$

În cazul mecanismului clasic, de distribuție (din figura 8.12.), masa redusă, M, se calculează cu formula (8.58):

$$M = m_5 + (m_2 + m_3).(\frac{\dot{y}_2}{\dot{x}})^2 + J_1.(\frac{\omega_1}{\dot{x}})^2 + J_4.(\frac{\omega_4}{\dot{x}})^2 \qquad (8.58)$$

formulă în care sau utilizat următoarele notații:

m_2 = masa tachetului;

m_3 = masa tijei împingătoare;

m_5 = masa supapei;

J_1 = momentul de inerție mecanic al camei;

J_4 = momentul de inerție mecanic al culbutorului;

$\dot{y}_2$ = viteza tachetului impusă de legea de mișcare a camei;

$\dot{x}$ = viteza supapei.

Dacă se notează i=i_{25} , raportul de transmitere tachet-supapă (realizat de pârghia culbutorului), viteza teoretică a supapei (impusă prin legea de mișcare dată de profilul camei), se calculează cu formula (8.59):

$$y \equiv \dot{y}_5 = \frac{\dot{y}_2}{i} \qquad (8.59)$$

unde:

$$i = \frac{CC_0}{C_0 D} \qquad (8.60)$$

este raportul brațelor culbutorului.

Se scriu următoarele relații:

$$\dot{x} = \omega_1 . x'$$ (8.61)

$$\ddot{x} = \omega_1^2 . x''$$ (8.62)

$$\dot{y}_2 = \omega_1 . y_2' = \omega_1 . i . y'$$ (8.63)

$$\frac{\omega_1}{\dot{x}} = \frac{\omega_1}{\omega_1 . x'} = \frac{1}{x'}$$ (8.64)

$$\omega_4 = \frac{\dot{y}_2}{CC_0} = \frac{\omega_1 . y_2'}{CC_0} = \frac{\omega_1 . y' . i}{CC_0} = \frac{\omega_1 . y'}{CC_0} \frac{CC_0}{C_0 D} = \frac{\omega_1 . y'}{C_0 D}$$ (8.65)

$$\frac{\omega_4}{\dot{x}} = \frac{\omega_1 . y'}{C_0 D . \omega_1 . x'} = \frac{1}{C_0 D} \frac{y'}{x'}$$ (8.66)

unde y' este viteza redusă impusă tachetului (prin legea de mișcare a profilului camei), redusă la axa supapei.

Cu relațiile anterioare (8.60), (8.63), (8.64), (8.66), relația (8.58) devine:

$$M = m_5 + (m_2 + m_3) . (\frac{i . y'}{x'})^2 +$$
$$+ J_1 . (\frac{1}{x'})^2 + J_4 . (\frac{1}{C_0 D} \frac{y'}{x'})^2$$ (8.67)

sau:

$$M = m_5 + [i^2 . (m_2 + m_3) + \frac{J_4}{(C_0 D)^2}] . (\frac{y'}{x'})^2 + J_1 . (\frac{1}{x'})^2$$ (8.68)

ori:

$$M = m_5 + m^* . (\frac{y'}{x'})^2 + J_1 . (\frac{1}{x'})^2$$ (8.69)

Facem derivata dM/dφ și rezultă următoarele relații:

$$\frac{d[(\frac{y'}{x'})^2]}{d\varphi} = \frac{2 . y'}{x'} \frac{(y'' . x' - x'' . y')}{x'^2} =$$
$$= \frac{2 . y'}{x'^2} . (y'' - x'' . \frac{y'}{x'}) = 2 . (\frac{y'}{x'})^2 . (\frac{y''}{y'} - \frac{x''}{x'})$$ (8.70)

$$\frac{d[(\frac{1}{x'})^2]}{d\varphi} = \frac{2}{x'} \cdot \frac{-x''}{x'^2} = -2 \cdot \frac{x''}{x'^3} \tag{8.71}$$

$$\frac{dM}{d\varphi} = 2.m * .(\frac{y'}{x'})^2 .(\frac{y''}{y'} - \frac{x''}{x'}) - 2.J_1 . \frac{x''}{x'^3} \tag{8.72}$$

Se scrie relația (8.56) sub forma:

$$c = \frac{\omega}{2} \cdot \frac{dM}{d\varphi} \tag{8.73}$$

care cu (8.72) devine:

$$c = \omega \cdot \{[i^2 .(m_2 + m_3) + \frac{J_4}{(C_0 D)^2}] \cdot$$
$$\cdot (\frac{y'}{x'})^2 \cdot (\frac{y''}{y'} - \frac{x''}{x'}) - J_1 . \frac{x''}{x'^3}\} \tag{8.74}$$

deci

$$c = \omega .[m * .(\frac{y'}{x'})^2 .(\frac{y''}{y'} - \frac{x''}{x'}) - J_1 . \frac{x''}{x'^3}] \tag{8.75}$$

unde s-a notat:

$$m* = i^2 .(m_2 + m_3) + \frac{J_4}{(C_0 D)^2} \tag{8.76}$$

8.8.1.2. Determinarea ecuațiilor de mișcare

Cu relațiile (8.69), (8.62), (8.75) și (8.61) ecuația (8.52) se scrie mai întâi în forma (8.77), care se dezvoltă în formele (8.78), (8.79) și (8.80):

$$M .\omega^2 .x'' + c.\omega.x' + (K + k).x = K.y - F_0 \tag{8.77}$$

$$\omega^2 \cdot x'' \cdot m_5 + \omega^2 \cdot m * .(\frac{y'}{x'})^2 \cdot x'' + J_1 \cdot (\frac{1}{x'})^2 \cdot x'' . \omega^2 + \omega^2 \cdot x' . m * \cdot$$
$$\cdot (\frac{y'}{x'})^2 \cdot (\frac{y''}{y'} - \frac{x''}{x'}) - x' . \omega^2 \cdot J_1 . \frac{x''}{x'^3} + (K + k) \cdot x = K \cdot y - F_0 \tag{8.78}$$

adică:

$$\omega^2 . m_5 . x'' + \omega^2 . m * . x'' . (\frac{y'}{x'})^2 - \omega^2 . m * . (\frac{y'}{x'})^2 . x''$$

$$+ \omega^2 . m * . y'' . \frac{y'}{x'} + (K + k).x = K.y - F_0 \qquad (8.79)$$

şi forma finală:

$$\omega^2 . m_5 . x'' + (K + k).x + \omega^2 . m * . y'' . \frac{y'}{x'} = K.y - F_0 \qquad (8.80)$$

care se mai poate scrie şi sub o altă formă:

$$\omega^2 .(m_5 . x'' + m * . y'' . \frac{y'}{x'}) + (K + k).x = K.y - F_0 \qquad (8.81)$$

Ecuaţia (8.81) se poate aproxima la forma (8.82) dacă considerăm viteza teoretică, de intrare, y, impusă de profilul camei-tachetului (redusă la axa supapei), aproximativ egală cu viteza supapei, x.

$$\omega^2 .(m_5 . x'' + m * . y'') + (K + k).x = K.y - F_0 \qquad (8.82)$$

Dacă se notează legile de intrare cu s, s' (viteza redusă), s" (acceleraţia redusă), ecuaţia (8.82) ia forma (8.83), iar ecuaţia mai completă (8.81) capătă forma mai complexă (8.84):

$$\omega^2 .(m_5 . x'' + m * . s'') + (K + k).x = K.s - F_0 \qquad (8.83)$$

$$\omega^2 .(m_5 . x'' + m * . s'' . \frac{s'}{x'}) + (K + k).x = K.s - F_0 \qquad (8.84)$$

8.8.2. Model dinamic cu patru grade de libertate, cu amortizarea internă a sistemului - variabilă –

În lucrarea [A17] se prezintă un model dinamic cu amortizare variabilă ca şi cel din paragraful anterior, însă cu patru grade de mobilitate. Se face ipoteza existenţei a patru mase, în mişcare de translaţie în acelaşi timp (vezi fig. 8.14.). În fig. 8.14.a se prezintă schema cinematică a mecanismului clasic de distribuţie, iar în fig. 8.14.b este prezentat modelul dinamic aferent, cu patru mase în mişcare, deci cu patru grade de libertate. Modul în care se deduc cele patru mase dinamice, cât şi constantele elastice aferente, ca şi cele de amortizare corespunzătoare va fi prezentat în paragraful următor.

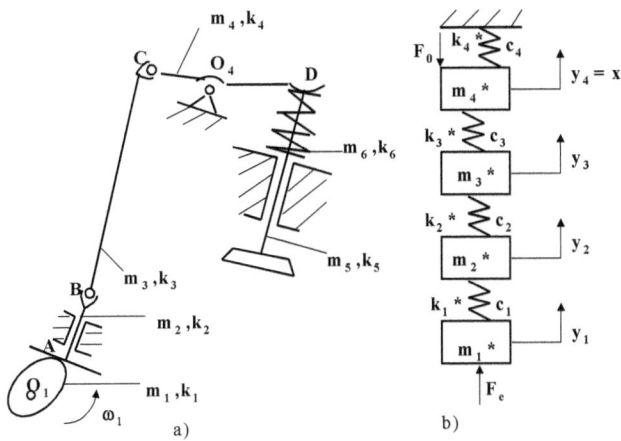

a)   b)

Fig. 8.14. Model dinamic cu patru grade de libertate,

cu amortizarea internă a sistemului – variabilă –

8.8.2.1. Ecuaţiile de mişcare pentru modelul dinamic cu patru mase

Se consideră modelul dinamic cu patru grade de libertate (fig. 8.14.), la care cele patru mase reduse la elementul condus (supapa) se calculează cu formulele (8.85).

Masa m_1^* se calculează ca fiind masa m_1 (masa camei) care se reduce la axa supapei, adică această masă m_1, se înmulţeşte cu viteza teoretică de intrare, $\dot{y}_{1c}$, ridicată la pătrat şi se împarte cu pătratul vitezei supapei, $\dot{x}^2$, mai exact se face raportul între viteza de intrare la camă, $\dot{y}_{1c}$ şi viteza supapei, $\dot{x}$, şi se ridică la pătrat, iar acest raport la pătrat se înmulţeşte cu masa m_1.

Cum viteza de intrare, $\dot{y}_{1c}$, trebuie să fie şi ea redusă la axa supapei, în locul ei se va scrie viteza de intrare redusă la axa supapei, $\dot{y}_1$, înmulţită cu raportul de transmitere al culbutorului, i, adică avem relaţia $\dot{y}_{1c} = i.\dot{y}_1$, iar viteza la pătrat $\dot{y}_{1c}^2$, se va înlocui cu $i^2.\dot{y}_1^2$, urmând a nota acest i^2 înmulţit cu masa m_1 cu m_1'. Pentru masa m_2^* se consideră masa tachetului, m_2, plus o treime din masa tijei împingătoare, m_3, iar viteza corespunzătoare, $\dot{y}_2$, este practic viteza dinamică, reală, a tachetului, redusă la axa supapei.

Masa m_3^* corespunde tijei împingătoare şi este formată din două treimi rămase ale masei tijei împingătoare, m_3, plus jumătate din masa culbutorului, m_4; viteza $\dot{y}_3$, este viteza medie reală, cu care se va deplasa tija împingătoare pe axa verticală redusă la axa supapei, sau viteza culbutorului în punctul C redusă la axa supapei.

Masa m_4^* este obţinută din toate masele însumate de pe lateralitatea supapei, adică jumătate din masa culbutorului, plus masa m_5 (care reprezintă la rândul ei suma dintre masa

81

supapei şi masa talerului supapei), plus o treime din masa m_6, a arcului supapei. Viteza supapei (evident la axa sa) a fost notată cu $\dot{x}$.

$$m_1^* = m_1.i^2.(\frac{\dot{y}_1}{\dot{x}})^2 = m_1'.(\frac{\dot{y}_1}{\dot{x}})^2 ;$$

$$m_2^* = (m_2 + \frac{1}{3}.m_3).i^2.(\frac{\dot{y}_2}{\dot{x}})^2 = m_2'.(\frac{\dot{y}_2}{\dot{x}})^2 ;$$

$$m_3^* = (\frac{2}{3}.m_3 + \frac{1}{2}.m_4).i^2.(\frac{\dot{y}_3}{\dot{x}})^2 = m_3'.(\frac{\dot{y}_3}{\dot{x}})^2 ; \qquad (8.85)$$

$$m_4^* = \frac{1}{2}.m_4 + m_5 + \frac{1}{3}.m_6 = m_4'$$

în care i = O_4C / O_4D (vezi fig. 8.14.) reprezintă raportul de transmitere al culbutorului; m_1, m_2 , m_3 , m_4 , m_5 , m_6 sunt în ordine: masa camei, a tachetului, a tijei împingătoare, a culbutorului, a supapei (cu tot cu taler) şi respectiv a arcului supapei. Se precizează următoarele constante elastice (vezi fig. 8.14.) echivalente reduse la supapă (8.86):

$$K_1^* = \frac{K_1.K_2}{K_1 + K_2}.i^2 ; K_2^* = K_3.i^2 ; K_3^* = K_4 ; K_4^* = K_6 \qquad (8.86)$$

unde k_1, k_2, k_3, k_4, k_6, sunt rigidităţile (constantele elastice ale) elementelor corespunzătoare. Constanta elastică a supapei nu intră în discuţie. Se menţionează că F_0 este forţa exterioară, cunoscută ca forţa de prestrângere a arcului supapei, iar F_e este forţa de echilibrare la supapă, practic forţa motoare. În continuare se va neglija influenţa momentelor de inerţie mecanice (masice), a forţelor de greutate şi a forţelor de frecare. Urmărind echilibrul dinamic pentru fiecare masă redusă în parte se scriu patru ecuaţii de forma:

$$K_1^*.(y_1 - y_2) - F_e + m_1^*.\ddot{y}_1 + c_1.\dot{y}_1 = 0 \qquad (8.87)$$

$$K_2^*.(y_2 - y_3) - K_1^*.(y_1 - y_2) + m_2^*.\ddot{y}_2 + c_2.\dot{y}_2 = 0 \qquad (8.88)$$

$$K_3^*.(y_3 - x) - K_2^*.(y_2 - y_3) + m_3^*.\ddot{y}_3 + c_3.\dot{y}_3 = 0 \qquad (8.89)$$

$$K_4^*.x - K_3^*.(y_3 - x) + F_0 + m_4^*.\ddot{x} + c_4.\dot{x} = 0 \qquad (8.90)$$

Deplasările liniare y_1, y_2, y_3, y_4 =x corespund maselor reduse m_1^*, m_2^*, m_3^*, m_4^*.

În ipoteza că deplasarea y_1 este cunoscută din legea de mişcare $y_1 = y_1$ (φ), impusă tachetului la proiectarea camei, rămân ca necunoscute deplasările y_2, y_3, x şi forţa de echilibrare F_e, adică forţa motoare F_m.

În acest caz se observă că ecuaţiile (8.88), (8.89) şi (8.90) formează un sistem de trei ecuaţii cu trei necunoscute y_2 , y_3 , x. După calculul celor trei deplasări se obţine din ecuaţia (8.87) forţa de echilibrare F_e.

Practic, sistemul nu este liniar deoarece, pe lângă necunoscutele date de cele trei deplasări, avem ca necunoscute suplimentare şi vitezele şi acceleraţiile derivate din deplasările necunoscute, adică în mod practic necunoscutele vor fi zece iar ecuaţiile întregului sistem numai patru.

$$c = \frac{1}{2} \cdot \frac{dM}{dt} = \frac{\omega_1}{2} \cdot \frac{dM}{d\varphi} \qquad (8.91)$$

Pentru rezolvarea efectivă a sistemului de ecuații (8.87)-(8.90), se determină coeficienții de amortizare c_1, c_2, c_3, c_4, cu formula (8.91), deja cunoscută de la sistemul cu un grad de libertate și cu sistemul de mase (8.85), astfel:

$$c_1 = \frac{1}{2} \cdot \frac{dm_1^*}{dt} = m_1' \cdot \left(\frac{\dot{y}_1 \cdot \ddot{y}_1}{\dot{x}^2} - \frac{\dot{y}_1^2 \cdot \ddot{x}}{\dot{x}^3} \right) \qquad (8.92)$$

$$c_2 = \frac{1}{2} \cdot \frac{dm_2^*}{dt} = m_2' \cdot \left(\frac{\dot{y}_2 \cdot \ddot{y}_2}{\dot{x}^2} - \frac{\dot{y}_2^2 \cdot \ddot{x}}{\dot{x}^3} \right) \qquad (8.93)$$

$$c_3 = \frac{1}{2} \cdot \frac{dm_3^*}{dt} = m_3' \cdot \left(\frac{\dot{y}_3 \cdot \ddot{y}_3}{\dot{x}^2} - \frac{\dot{y}_3^2 \cdot \ddot{x}}{\dot{x}^3} \right) \qquad (8.94)$$

$$c_4 = \frac{1}{2} \cdot \frac{dm_4^*}{dt} = 0 \qquad (8.95)$$

care se mai pot scrie și sub forma (8.96-8.99):

$$c_1 = m_1' \cdot \left(\frac{\dot{y}_1}{\dot{x}} \right)^2 \cdot \left(\frac{\ddot{y}_1}{\dot{y}_1} - \frac{\ddot{x}}{\dot{x}} \right) \qquad (8.96)$$

$$c_2 = m_2' \cdot \left(\frac{\dot{y}_2}{\dot{x}} \right)^2 \cdot \left(\frac{\ddot{y}_2}{\dot{y}_2} - \frac{\ddot{x}}{\dot{x}} \right) \qquad (8.97)$$

$$c_3 = m_3' \cdot \left(\frac{\dot{y}_3}{\dot{x}} \right)^2 \cdot \left(\frac{\ddot{y}_3}{\dot{y}_3} - \frac{\ddot{x}}{\dot{x}} \right) \qquad (8.98)$$

$$c_4 = 0 \qquad (8.99)$$

Cu ajutorul relațiilor (8.96-8.99) și cu sistemul (8.85) se pot obține imediat relațiile (8.100-8.103):

$$c_1 \cdot \dot{y}_1 = m_1' \cdot \left(\frac{\dot{y}_1}{\dot{x}} \right)^2 \cdot \left(\ddot{y}_1 - \frac{\dot{y}_1}{\dot{x}} \cdot \ddot{x} \right) = m_1^* \cdot \left(\ddot{y}_1 - \frac{\dot{y}_1}{\dot{x}} \cdot \ddot{x} \right) \qquad (8.100)$$

$$c_2 \cdot \dot{y}_2 = m_2' \cdot \left(\frac{\dot{y}_2}{\dot{x}} \right)^2 \cdot \left(\ddot{y}_2 - \frac{\dot{y}_2}{\dot{x}} \cdot \ddot{x} \right) = m_2^* \cdot \left(\ddot{y}_2 - \frac{\dot{y}_2}{\dot{x}} \cdot \ddot{x} \right) \qquad (8.101)$$

$$c_3 \cdot \dot{y}_3 = m_3' \cdot \left(\frac{\dot{y}_3}{\dot{x}} \right)^2 \cdot \left(\ddot{y}_3 - \frac{\dot{y}_3}{\dot{x}} \cdot \ddot{x} \right) = m_3^* \cdot \left(\ddot{y}_3 - \frac{\dot{y}_3}{\dot{x}} \cdot \ddot{x} \right) \qquad (8.102)$$

$$c_4 \cdot \dot{y}_4 = c_4 \cdot \dot{x} = 0 \qquad (8.103)$$

Ținând seama de relațiile (8.100-8.103), ecuațiile (8.87-8.90) se rescriu sub forma următoare (8.104-8.107):

$$K_1^* . y_1 - K_1^* . y_2 - F_e +$$
$$+ 2 . m_1' . (\frac{\dot{y}_1}{\dot{x}})^2 . \ddot{y}_1 - m_1' . (\frac{\dot{y}_1}{\dot{x}})^3 . \ddot{x} = 0 \qquad (8.104)$$

$$- K_1^* . y_1 + (K_1^* + K_2^*) . y_2 - K_2^* . y_3 +$$
$$+ 2 . m_2' . (\frac{\dot{y}_2}{\dot{x}})^2 . \ddot{y}_2 - m_2' . (\frac{\dot{y}_2}{\dot{x}})^3 . \ddot{x} = 0 \qquad (8.105)$$

$$- K_2^* . y_2 + (K_2^* + K_3^*) . y_3 - K_3^* . x +$$
$$+ 2 . m_3' . (\frac{\dot{y}_3}{\dot{x}})^2 . \ddot{y}_3 - m_3' . (\frac{\dot{y}_3}{\dot{x}})^3 . \ddot{x} = 0 \qquad (8.106)$$

$$- K_3^* . y_3 + (K_3^* + K_4^*) . x + m_4' . \ddot{x} + F_0 = 0 \qquad (8.107)$$

Cu sistemul de ecuații (8.104-8.107) se rezolvă modelul dinamic prezentat în figura 8.14., având în vedere faptul că sistemul este neliniar și pe lângă cele patru necunoscute principale, y₂, y₃, x, Fₑ, mai apar încă șase necunoscute $\dot{y}_2, \ddot{y}_2, \dot{y}_3, \ddot{y}_3, \dot{x}, \ddot{x}$. care sunt dependente însă între ele și depind deasemenea de deplasările liniare, y₂, y₃, respectiv x.

Sistemul se simplifică foarte mult dacă considerăm cele trei viteze aproximativ egale între ele și egale cu viteza cunoscută de intrare, $\dot{y}_1$; în acest caz sistemul de ecuații (8.104 – 8.107) se simplifică considerabil, luând forma (8.108-8.111):

$$K_1^* . y_1 - K_1^* . y_2 - F_e + 2 . m_1' . \ddot{y}_1 - m_1' . \ddot{x} = 0 \qquad (8.108)$$

$$- K_1^* . y_1 + (K_1^* + K_2^*) . y_2 - K_2^* . y_3 +$$
$$+ 2 . m_2' . \ddot{y}_2 - m_2' . \ddot{x} = 0 \qquad (8.109)$$

$$- K_2^* . y_2 + (K_2^* + K_3^*) . y_3 -$$
$$- K_3^* . x + 2 . m_3' . \ddot{y}_3 - m_3' . \ddot{x} = 0 \qquad (8.110)$$

$$- K_3^* . y_3 + (K_3^* + K_4^*) . x + m_4' . \ddot{x} + F_0 = 0 \qquad (8.111)$$

9. REZOLVAREA ECUAŢIEI DIFERENŢIALE,
(cea care a fost obţinută la paragraful 8.8.1.2.)

În cadrul paragrafului 8.8.1. a fost prezentat un model dinamic cu un grad de mobilitate, cu amortizare internă a sistemului variabilă, care conduce în final (paragraful 8.8.1.2.) la ecuaţia (8.84), pe care o rescriem sub forma (1) şi la ecuaţia simplificată (8.83), pe care o aranjăm în forma (2).

$$(K + k).x = K.y - k.x_0 - \omega^2.m_S.X^{II} - \omega^2.m_T.y''.\frac{y'}{X^I} \qquad (1)$$

$$(K + k).x = K.y - k.x_0 - \omega^2.m_S.X^{II} - \omega^2.m_T.y'' \qquad (2)$$

Se va utiliza ecuaţia diferenţială (1), adică forma simplificată (în care se consideră viteza redusă de intrare, impusă de profilul camei, y', egală cu viteza redusă dinamică, X'; ambele fiind reduse la axa supapei).

În continuare vom urmări câteva moduri de rezolvare a ecuaţiei diferenţiale (1).

9.1. Rezolvarea ecuaţiei diferenţiale,
printr-o soluţie particulară

Ecuaţia (1) se scrie sub forma (3):

$$m_S.\ddot{X} + (K + k).X = K.y - k.x_0 - m_T.\ddot{y} \qquad (3)$$

Împărţim ecuaţia (3) cu m_S şi amplificăm termenul drept cu $\cos\omega t$, obţinându-se forma (4):

$$\ddot{X} + \frac{K + k}{m_S}.X = \frac{K.y - k.x_0 - m_T.\ddot{y}}{m_S.\cos(\omega.t)}.\cos(\omega.t) \qquad (4)$$

Se utilizează următoarele notaţii (5-6):

$$p^2 = \frac{K + k}{m_S} \qquad (5)$$

$$q = \frac{K.y - k.x_0 - m_T.\ddot{y}}{m_S.\cos(\omega.t)} \qquad (6)$$

Ecuaţia (4) se scrie simplificat sub forma (7):

$$\ddot{X} + p^2.X = q.\cos(\omega.t) \qquad (7)$$

Soluţia particulară a ecuaţiei (7) este de forma (8):

$$X = a.\cos(\omega.t) \qquad (8)$$

Derivatele 1 și 2 ale soluției (8) se notează cu (9-10):

$$\dot{X} = -a.\omega.\sin(\omega.t) \tag{9}$$

$$\ddot{X} = -a.\omega^2.\cos(\omega.t) \tag{10}$$

Înlocuind valorile (9) și (10) în ecuația (7), se obține forma (11):

$$-a.\omega^2.\cos(\omega.t) + p^2.a.\cos(\omega.t) = q.\cos(\omega.t) \tag{11}$$

Ecuația caracteristică se scrie sub forma (12):

$$a.(p^2 - \omega^2) = q \tag{12}$$

Se explicitează a sub forma (13):

$$a = \frac{q}{p^2 - \omega^2} \tag{13}$$

Se scrie acum soluția X, sub formele (14), (15):

$$X = \frac{q}{p^2 - \omega^2}.\cos(\omega.t) \tag{14}$$

$$X = \frac{K.y - k.x_0 - m_T.\ddot{y}}{m_S.\cos(\omega.t)}.\frac{\cos(\omega.t)}{\dfrac{K+k}{m_S} - \omega^2} = \frac{K.y - k.x_0 - m_T.\ddot{y}}{K + k - m_S.\omega^2} \tag{15}$$

Soluția particulară, astfel obținută, este interesantă și simplă, dar se comportă ca și cum am fi obținut-o direct din ecuația diferențială (7), prin aproximarea lui $\ddot{X}$ cu $-X.\omega^2$, adică prin aproximarea lui X" cu $-X$, o aproximare puțin cam forțată.

Pentru o rezolvare mai exactă, aproximăm direct în ecuația (7), X" cu y" cu s", adică $\ddot{X} = \ddot{y} = \ddot{s}$ și ajungem la ecuația liniară (16):

$$X = \frac{K.s - k.x_0 - (m_S + m_T).\ddot{s}}{K + k} = \frac{K.s - k.x_0 - m^*.\ddot{s}}{K + k} \tag{16}$$

Soluția aproximativă (16), este ceva mai precisă decât soluția particulară (15), care se poate obține și ca o soluție directă aproximativă, cu X"= -X.

9.2. Rezolvarea ecuației diferențiale, printr-o soluție particulară completă

Ecuația (7) se poate scrie sub forma (17), ținând cont de coeficienții D și D':

$$m_S.\omega^2.D.x''+m_S.\omega^2.D'.x'+(K+k).x =$$
$$= K.s - k.x_0 - m_T.\omega^2.(D.s''+D'.s')$$

(17)

Împărțim ecuația (17) cu $m_S.\omega^2.D$ și obținem forma (18):

$$x''+\frac{m_S.\omega^2.D'}{m_S.\omega^2.D}.x'+\frac{K+k}{m_S.\omega^2.D}.x =$$
$$= \frac{K.s - k.x_0 - m_T.\omega^2.(D.s''+D'.s')}{m_S.\omega^2.D}$$

(18)

Termenul drept se amplifică cu (cosφ+sinφ) și ecuația (18) se scrie sub forma (19):

$$x''+\frac{D'}{D}.x'+\frac{K+k}{m_S.\omega^2.D}.x =$$
$$= \frac{K.s - k.x_0 - m_T.\omega^2.(D.s''+D'.s')}{m_S.\omega^2.D.(\cos\varphi+\sin\varphi)}.(\cos\varphi+\sin\varphi)$$

(19)

Notăm coeficienții corespunzător:

$$a = \frac{D'}{D}$$

(20)

$$b = \frac{K+k}{m_S.D.\omega^2}$$

(21)

$$c = \frac{K.s - k.x_0 - m_T.\omega^2.(D.s''+D'.s')}{m_S.\omega^2.D.(\cos\varphi+\sin\varphi)}$$

(22)

Ecuația (19) se poate scrie acum sub forma (23):

$$x''+a.x'+b.x = c.(\cos\varphi+\sin\varphi)$$

(23)

Soluția particulară completă a ecuației (23) este de forma (24), iar derivatele ei în funcție de unghiul φ, derivatele I și II, capătă formele (25), respectiv (26):

$$x = A.\cos\varphi + B.\sin\varphi$$

(24)

$$x' = -A.\sin\varphi + B.\cos\varphi$$

(25)

$$x'' = -A.\cos\varphi - B.\sin\varphi$$

(26)

Introducând soluțiile (24-26) în (23) obținem ecuația (27):

$$-A.\cos\varphi - B.\sin\varphi - a.A.\sin\varphi + a.B.\cos\varphi$$
$$+ b.A.\cos\varphi + b.B.\sin\varphi = C.\cos\varphi + C.\sin\varphi$$

(27)

Identificăm coeficienţii în cos şi respectiv cei în sin şi obţinem un sistem liniar de două ecuaţii cu două necunoscute, A şi respectiv B:

$$(b - 1).A + a.B = c$$
$$- a.A + (b - 1).B = c \tag{28}$$

Pentru rezolvarea operativă a sistemului (28) înmulţim prima ecuaţie cu a şi pe cea de-a doua cu (b-1), după care le adunăm şi obţinem B, iar apoi similar îl determinăm pe A, înmulţind prima ecuaţie cu (b-1) şi pe cea de-a doua cu –a, după care le adunăm şi obţinem sistemul (29):

$$A = \frac{c}{a^2 + (b - 1)^2}.(b - 1 - a)$$
$$B = \frac{c}{a^2 + (b - 1)^2}.(b - 1 + a) \tag{29}$$

Soluţia se poate scrie acum sub forma (30):

$$x = \frac{c}{a^2 + (b - 1)^2}.[(b - 1 - a).\cos \varphi + (b - 1 + a).\sin \varphi] \tag{30}$$

unde coeficienţii a, b, c, sunt cunoscuţi (20-22).

9.3. Rezolvarea ecuaţiei diferenţiale, cu ajutorul dezvoltărilor în serie Taylor

Se scrie relaţia (31), care exprimă legătura dintre deplasarea dinamică a supapei, x, şi cea impusă de profilul camei, s:

$$x(\varphi) = s(\varphi) + \Delta x(\varphi) \cong s(\varphi + \Delta \varphi) \tag{31}$$

Funcţia s(φ+Δφ) o dezvoltăm în serie Taylor şi reţinem primii 8 termeni ai dezvoltării; se găseşte astfel relaţia (32):

$$x = s(\varphi + \Delta \varphi) = \frac{1}{0!} s(\varphi).(\Delta \varphi)^0 + \frac{1}{1!} s^I(\varphi).\Delta \varphi$$
$$+ \frac{1}{2!}.s^{II}(\varphi).(\Delta \varphi)^2 + \frac{1}{3!}.s^{III}(\varphi).(\Delta \varphi)^3 + \frac{1}{4!}.s^{IV}(\varphi).(\Delta \varphi)^4 \tag{32}$$
$$+ \frac{1}{5!}.s^V(\varphi).(\Delta \varphi)^5 + \frac{1}{6!}.s^{VI}(\varphi).(\Delta \varphi)^6 + \frac{1}{7!}.s^{VII}(\varphi).(\Delta \varphi)^7$$

Relaţia (32) se mai scrie şi sub forma (33):

$$x = s + s^{I}.\Delta\varphi + \frac{1}{2}.s^{II}.(\Delta\varphi)^2 + \frac{1}{6}.s^{III}.(\Delta\varphi)^3 + \frac{1}{24}.s^{IV}.(\Delta\varphi)^4$$
$$+ \frac{1}{120}.s^{V}.(\Delta\varphi)^5 + \frac{1}{720}.s^{VI}.(\Delta\varphi)^6 + \frac{1}{5040}.s^{VII}.(\Delta\varphi)^7 \tag{33}$$

Prin derivare obţinem x' (relaţia 34):

$$x^{I} = s^{I} + s^{II}.\Delta\varphi + \frac{1}{2}.s^{III}.(\Delta\varphi)^2 + \frac{1}{6}.s^{IV}.(\Delta\varphi)^3 +$$
$$+ \frac{1}{24}.s^{V}.(\Delta\varphi)^4 + \frac{1}{120}.s^{VI}.(\Delta\varphi)^5 + \frac{1}{720}.s^{VII}.(\Delta\varphi)^6 + \tag{34}$$
$$+ \frac{1}{5040}.s^{VIII}.(\Delta\varphi)^7$$

Derivăm a doua oară şi obţinem x", (relaţia 35):

$$x^{II} = s^{II} + s^{III}.\Delta\varphi + \frac{1}{2}.s^{IV}.(\Delta\varphi)^2 + \frac{1}{6}.s^{V}.(\Delta\varphi)^3 +$$
$$+ \frac{1}{24}.s^{VI}.(\Delta\varphi)^4 + \frac{1}{120}.s^{VII}.(\Delta\varphi)^5 + \tag{35}$$
$$+ \frac{1}{720}.s^{VIII}.(\Delta\varphi)^6 + \frac{1}{5040}.s^{IX}.(\Delta\varphi)^7$$

Ecuaţia diferenţială utilizată este (1), adică ecuaţia completă, pe care o scriem sub forma (36), ţinând cont şi de funcţia de transmitere, D.

$$x = \frac{K.s - k.x_0 - m_s^*.(D.x''+D'.x').\omega^2 * 0.001 - m_T^*.(D.s''+D'.s').\omega^2 * 0.001 * \frac{s'}{x'}}{K + k} \tag{36}$$

9.4. Rezolvarea ecuaţiei diferenţiale, în doi paşi

Ecuaţia diferenţială cunoscută, scrisă în una din formele prezentate anterior, de exemplu în forma (1), se rezolvă de două ori. Prima dată se utilizează pentru x' valoarea s' iar pentru x" valoarea s". Se obţine în acest fel, valoarea x(0), adică deplasarea dinamică a supapei la pasul 0. Această deplasare se derivează numeric şi se obţin x'(0) şi x"(0). Valorile astfel obţinute se introduc în ecuaţia diferenţială (care se utilizează pentru a doua oară consecutiv) şi obţinem x(1), adică deplasarea dinamică a supapei căutată, x, care se consideră a fi valoarea finală. Dacă încercăm să iterăm acest proces (pentru mai mulţi paşi), se va observa lipsa convergenţei către o soluţie unică şi amplificarea valorilor la fiecare trecere (iteraţie). Se consideră rezolvarea ecuaţiei nu iterativ, în doi paşi, ci exact şi direct, rezolvare dintr-un singur pas, cel de al doilea, primul pas fiind de fapt o intermediere necesară determinării aproximative a valorilor x' şi x".

9.5. Prezentarea unei ecuaţii diferenţiale, (model dinamic), care ţine cont de masa camei

Pornind de la modelul dinamic prezentat în cadrul paragrafului 8.8.1., se va obţine o nouă ecuaţie diferenţială, care să descrie funcţionarea dinamică a mecanismului de distribuţie, de la motoarele cu ardere internă, în patru timpi.

Practic se modifică formula care exprimă masa redusă a întregului lanţ cinematic şi atunci se modifică şi amortizarea internă a sistemului, c, şi automat se schimbă şi întreaga ecuaţie dinamică (diferenţială), fapt care ne îndreptăţeşte să spunem că avem de a face cu un nou model dinamic, cel care ia în consideraţie şi masa camei.

Masa redusă M, a întregului lanţ cinematic se scrie acum în forma (37):

$$
\begin{aligned}
M &= m_5 + (m_2 + m_3).i^2 + J_1.(\frac{\omega_1}{\dot{X}})^2 = \\
&= m_{LS}^* + (m_2 + m_3).i^2 + J_1.(\frac{\omega_1}{\dot{X}})^2 = \\
&= m_{LS}^* + m_{LT}^* + J_1.(\frac{\omega_1}{\dot{X}})^2 = m^* + J_1.(\frac{\omega_1}{\dot{X}})^2 = \\
&= m^* + \frac{m_1}{2}.r_A^2.(\frac{\omega_1}{\dot{X}})^2
\end{aligned}
\tag{37}
$$

Constanta de amortizare a sistemului se determină cu formula prezentată la 8.8.1., şi capătă acum forma (38):

$$
c = \frac{1}{2}.\frac{dM}{dt} = \frac{1}{2}.[-2.J_1.\omega_1^2.\frac{\ddot{X}}{\dot{X}^3} + 2.\frac{m_1}{2}.r_A.r_A^I.\frac{\omega_1^3}{\dot{X}^2}]
\tag{38}
$$

Pentru mecanismul de distribuţie clasic se găseşte valoarea $r_A.r_A^I$ dată de (39) şi se introduce în relaţia (38), care capătă forma (40):

$$
r_A.r_A^I = (r_0^* + s + s'').s'
\tag{39}
$$

$$
c = -J_1.\omega_1^2.\frac{\ddot{X}}{\dot{X}^3} + \frac{m_1}{2}.(r_0^* + s + s'').s'.\frac{\omega_1^3}{\dot{X}^2}
\tag{40}
$$

Se utilizează în continuare ecuaţia diferenţială prezentată la 8.8.1. şi anume (41):

$$
M.\ddot{X} + c.\dot{X} + (K + k).X - K.y + F_0 = 0
\tag{41}
$$

Se introduce în continuare masa M, determinată cu (37) şi coeficientul de amortizare, c, obţinut cu (40), în ecuaţia (41) şi obţinem o nouă ecuaţie dinamică, diferenţială, (42), care reprezintă de fapt un nou model dinamic de bază.

$$m^{*}.\ddot{X} + J_1.\omega_1^2.\frac{\ddot{X}}{\dot{X}^2} - J_1.\omega_1^2.\frac{\ddot{X}}{\dot{X}^2} +$$

$$+ \frac{m_1^{*}}{2}.(r_0^{*} + s + s'').s'.\omega_1^3.\frac{1}{\dot{X}} + (K + k).X - K.y + F_0 = 0 \qquad (42)$$

Ecuația diferențială (42) se scrie sub forma (43), după ce se reduc cei doi termeni identici care îl conțin pe J_1:

$$m^{*}.\ddot{X} + \frac{m_1^{*}}{2}.(r_0^{*} + s + s'').s'.\omega_1^3.\frac{1}{\dot{X}}$$

$$+ (K + k).X - K.y + k.x_0 = 0 \qquad (43)$$

Utilizând funcția de transmitere, D și prima ei derivată, D', ecuația diferențială (43), devine ecuația (44):

$$m^{*}.\omega_1^2.(x''.D + x'.D') + \frac{m_1^{*}}{2}.(r_0^{*} + s + s'').s'.\omega_1^2.\omega_1.\frac{1}{x'.D.\omega_1}$$

$$+ (K + k).x - K.y + k.x_0 = 0 \qquad (44)$$

Ecuația (44) se aranjează în forma (45):

$$m^{*}.\omega^2.D.x''+m^{*}.\omega^2.D'.x'+ \frac{m_1^{*}}{2}.\omega^2.\frac{(r_0^{*} + s + s'')}{D}.\frac{s'}{x'}$$

$$+ (K + k).x - K.s + k.x_0 = 0 \qquad (45)$$

Notăm x cu s+Δx, (46):

$$x = s + \Delta x \qquad (46)$$

Cu (46), ecuația (45) capătă forma (47):

$$\Delta x = \frac{- \omega^2.m^{*}.[D.x''+D'.x'] - \frac{m_1^{*}}{2}.\omega^2.\frac{r_0^{*} + s + s''}{D}.\frac{s'}{x'} - k.(s + x_0)}{K + k} \qquad (47)$$

unde Δx reprezintă diferența dintre deplasarea dinamică x și cea impusă s, ambele reduse la axa supapei.

Pentru aflarea aproximativă a valorilor x' și x" utilizăm relațiile (48-51) și în final (50-51):

$$x'' = \frac{dx'}{d\varphi} \Rightarrow dx' = x''.d\varphi \Rightarrow \Delta x' = x''.\Delta\varphi \cong s''.\Delta\varphi \qquad (48)$$

$$x''' = \frac{dx''}{d\varphi} \Rightarrow dx'' = x'''.d\varphi \Rightarrow \Delta x'' = x'''.\Delta\varphi \cong s'''.\Delta\varphi \qquad (49)$$

$$x = s + \Delta x \Rightarrow x' = s' + \frac{d\Delta x}{d\varphi} = s' + \Delta \frac{dx}{d\varphi} = s' + \Delta x' \cong s' + s'' . \Delta\varphi \qquad (50)$$

$$x' = s' + \Delta x' \Rightarrow x'' = s'' + \frac{d\Delta x'}{d\varphi} = s'' + \Delta \frac{dx'}{d\varphi} = s'' + \Delta x'' \cong s'' + s''' . \Delta\varphi \quad (51)$$

Cu relaţiile (50) şi (51), dar şi cu aproximaţia $\dfrac{s'}{x'} \cong 1$, ecuaţia (47) se scrie sub forma (52):

$$\Delta x = \frac{ -\omega^2 . m^* . [D.(s'' + s''' . \Delta\varphi) + D'.(s' + s'' . \Delta\varphi)] - \dfrac{m_1^*}{2}.\omega^2 . \dfrac{r_0^* + s + s''}{D} - k.(s + x_0) }{ K + k } \qquad (52)$$

Ecuaţia (52) se ordonează sub forma (53):

$$\Delta x = \frac{ -\omega^2 . m^* . [D'.s' + (D + D'.\Delta\varphi).s'' + D.\Delta\varphi.s'''] - \dfrac{m_1}{2.i^2}.\omega^2 . \dfrac{\dfrac{r_0}{i} + s + s''}{D} - k.(s + x_0) }{ K + k } \qquad (53)$$

Se calculează Δx de două ori, $\Delta x(0)$ şi Δx. $\Delta x(0)$ adunat la s generează x(0), care este utilizat pentru determinarea vitezei unghiulare variabile, ω.

În ecuaţia $\Delta x(0)$ se utilizează $\omega = \omega_n =$ constant.

În ecuaţia a doua Δx, se utilizează ω variabil determinat cu ajutorul primei ecuaţii; pentru viteza redusă x' şi acceleraţia redusă x", acum avem două variante: fie introducem direct, tot valorile aproximative, calculate cu relaţiile (50-51), ori utilizăm x'(0) şi x"(0) obţinute deja prin derivarea directă (numerică) a lui x(0), care altfel nu vor fi folosite decât pentru aflarea vitezei unghiulare variabile, ω.

Cu Δx adunat la s obţinem valoarea exactă a lui x, pe care o derivăm numeric şi obţinem şi valorile finale (exacte) pentru viteza redusă, x' şi acceleraţia redusă, x".

9.6. Determinarea anticipată a vitezei dinamice reduse şi a acceleraţiei dinamice reduse la axa supapei

La paragraful 8.8.1. s-au determinat relaţiile de calcul ale forţelor ce acţionează asupra supapei (Forţa MOTOARE redusă şi Forţa REZISTENTĂ redusă). Aceste forţe au fost utilizate deja în cadrul paragrafului 3.4. pentru determinarea forţelor reduse şi a momentelor reduse, din cadrul ecuaţiei diferenţiale Lagrange, ecuaţie care odată rezolvată generează valorile vitezei unghiulare ω în funcţie de unghiul de rotaţie al camei, φ.

Se vor reaminti acum expresiile celor două forţe reduse la supapă, forţa motoare (54) şi cea rezistentă (55):

$$F_m = K.(y - x) \cong K.(s - x) \qquad (54)$$

$$F_r = k.(x + x_0) \qquad (55)$$

Static cele două forțe sunt egale în modul (56-57), dar de sens contrar (acțiune și reacțiune), iar dinamic ele diferă foarte puțin una față de alta (în modul).

$$F_m = F_r \tag{56}$$

$$K.(s - x) = k.(x + x_0) \tag{57}$$

Din relația (57) explicităm deplasarea supapei, x_S, (58):

$$x \equiv x_S = \frac{K.s - k.x_0}{K + k} \tag{58}$$

Ne reamintim acum ecuația dinamică determinată la modelul 8.8.1., scrisă sub forma (59):

$$\Delta x \equiv x - s = - \frac{k.X + k.x_0 + m_S.\ddot{X} + m_T.\ddot{y}}{K} \tag{59}$$

În ecuația (59) înlocuim valoarea x cu cea statică obținută prin relația (58) și rezultă expresia (60):

$$\Delta x = - \frac{k.K.(s + x_0) + (K + k).(m_S.\ddot{X} + m_T.\ddot{y})}{K.(K + k)} \tag{60}$$

O modalitate simplă de a determina valoarea expresiei (60), este înlocuirea lui $\ddot{X}$ cu expresiile (61) și a lui $\ddot{y}$ cu relația (62), care se determină cu ajutorul funcțiilor de transmitere, D, D'.

$$x_S^I = \frac{K.s'}{K + k}$$

$$x_S^{II} = \frac{K.s''}{K + k} \tag{61}$$

$$\ddot{X} = \omega^2.(D.x'' + D'.x') = \frac{\omega^2.K}{K + k}.(D.s'' + D'.s')$$

$$\ddot{y} = \omega^2.(D.s'' + D'.s') \tag{62}$$

După înlocuire se obține expresia (63):

$$\Delta x = - \frac{k.(s + x_0) + \omega^2.(m^* + \frac{k}{K}.m_T).(D.s'' + D'.s')}{K + k} \tag{63}$$

Cu relația (63) se poate calcula acum expresia (64):

$$x = s + \Delta x \tag{64}$$

9.6.1. Determinarea anticipată aproximativă a vitezei reduse şi a acceleraţiei reduse a supapei

Expresia (63) se scrie sub forma aproximativă (65):

$$\Delta x = -\frac{k.s + \omega^2.(m^* + \dfrac{k}{K}.m_T).s''}{K + k} - \frac{k.x_0}{K + k} \qquad (65)$$

Ecuaţia (65) se derivează de două ori şi obţinem la prima derivare $(\Delta x)'$, (66), iar la a doua derivare, $(\Delta x)''$, (67):

$$(\Delta x)^I = -\frac{k.s^I + \omega^2.(m^* + \dfrac{k}{K}.m_T).s^{III}}{K + k} \qquad (66)$$

$$(\Delta x)^{II} = -\frac{k.s^{II} + \omega^2.(m^* + \dfrac{k}{K}.m_T).s^{IV}}{K + k} \qquad (67)$$

Se poate determina acum x', (68), dar şi x'', (69):

$$x'(0) = s' + (\Delta x)' = \frac{K.s^I - \omega^2.(m^* + \dfrac{k}{K}.m_T).s^{III}}{K + k} \qquad (68)$$

$$x''(0) = s'' + (\Delta x)^{II} = \frac{K.s^{II} - \omega^2.(m^* + \dfrac{k}{K}.m_T).s^{IV}}{K + k} \qquad (69)$$

În continuare se utilizează ecuaţia (47), pe care o rescriem sub forma (70); unde x'' şi x' sau înlocuit cu x''(0) respectiv x'(0), date de formulele (68), respectiv (69).

$$\Delta x = -\frac{k \cdot K \cdot (s + x_0) + (K + k) \cdot \omega_n^2 \cdot [(D \cdot x_0'' + D' \cdot x_0') \cdot m_S + (D \cdot s'' + D' \cdot s') \cdot m_T]}{K \cdot (K + k)} \qquad (70)$$

9.6.2. Determinarea anticipată precisă a vitezei reduse şi a acceleraţiei reduse a supapei

Pentru o determinare mai precisă a vitezei dinamice reduse a supapei, x', şi a acceleraţiei dinamice reduse a supapei, x'', se pleacă de la relaţia (71), care exprimă valoarea exactă a lui Δx.

$$\Delta x = -\frac{k.s + \omega^2.(m^* + \dfrac{k}{K}.m_T).(D.s''+D'.s')}{K+k} - \frac{k.x_0}{K+k} \tag{71}$$

Expresia (71) se derivează de două ori și se obțin (Δx)', (72), și (Δx)", (73):

$$(\Delta x)^I = -\frac{k.s^I + \omega^2.(m^* + \dfrac{k}{K}.m_T).(D''.s'+2.D'.s''+D.s''')}{K+k} \tag{72}$$

$$(\Delta x)^{II} = -\frac{k.s^{II} + \omega^2.(m^* + \dfrac{k}{K}.m_T).(D'''.s'+3.D''.s''+3.D'.s'''+D.s^{IV})}{K+k} \tag{73}$$

Cu relațiile (72) și (73) se determină imediat viteza redusă a supapei (74) și accelerația redusă a supapei (75):

$$x' = s'+(\Delta x)' \tag{74}$$

$$x'' = s''+(\Delta x)'' \tag{75}$$

Dificultatea metodei constă în necesitatea determinării suplimentare a valorilor D" și D"', adică derivatele de ordinul doi și trei ale funcției de transmitere D. Mai întâi trebuie să ne reamintim expresia lui D' (76):

$$D^I = \frac{[s'''.(r_0 + s) - s'.s''].[(r_0 + s)^2 + s'^2] - 2.s'.[s''.(r_0 + s) - s'^2].[r_0 + s + s'']}{[(r_0 + s)^2 + s'^2]^2} \tag{76}$$

Expresia (76) se scrie sub forma (77):

$$D^I = \frac{s'''.(r_0 + s) - s'.s''}{(r_0 + s)^2 + s'^2} - \frac{2.s'}{(r_0 + s)^2 + s'^2} *$$

$$\frac{(r_0 + s + s'').(r_0 + s).s''-(r_0 + s + s'').(r_0 + s).\dfrac{s'^2}{(r_0 + s)}}{(r_0 + s)^2 + s'^2} \tag{77}$$

Din (77) se determină forma restrânsă (78):

$$D^I = \frac{s'''.(r_0 + s) - s'.s''}{(r_0 + s)^2 + s'^2} - \frac{2.s'.D}{(r_0 + s)^2 + s'^2} \cdot [s''-\frac{s'^2}{(r_0 + s)}] \tag{78}$$

D' se poate scrie și mai compact, în relația (79):

$$D^{I} = \frac{s'''.(r_0 + s) - s'.s''-2.s'.D.s''+2.D.s'^{3} \cdot \dfrac{1}{r_0 + s}}{(r_0 + s)^{2} + s'^{2}} \qquad (79)$$

Pentru a putea deriva mai ușor relația (79) o scriem sub forma (80):

$$D^{I} \cdot [(r_0 + s)^{2} + s'^{2}] =$$

$$= s'''\cdot(r_0 + s) - s'\cdot s''-2 \cdot D \cdot s'\cdot s''+ \frac{2 \cdot D \cdot s'^{3}}{r_0 + s} \qquad (80)$$

Acum urmează derivarea propriuzisă a expresiei (80), care a fost aranjată în mod special în vederea derivării și obținem relația (81):

$$D^{II} \cdot [(r_0 + s)^{2} + s'^{2}] + 2 \cdot D^{I} \cdot [(r_0 + s) \cdot s'+s'\cdot s''] =$$

$$= s^{IV} \cdot (r_0 + s) + s'''\cdot s'-s''^{2} -s'\cdot s'''-2.D^{I} \cdot s'\cdot s''-2 \cdot D \cdot s''^{2} - \qquad (81)$$

$$- 2 \cdot D \cdot s'\cdot s'''+ \frac{2 \cdot (D^{I} \cdot s'^{3}+3 \cdot D \cdot s'^{2}\cdot s'') \cdot (r_0 + s) - 2 \cdot D \cdot s'^{4}}{(r_0 + s)^{2}}$$

Din (81) se explicitează D" sub forma (82):

$$D^{II} = \frac{s^{IV} \cdot (r_0 + s) - s''^{2}-2 \cdot D^{I} \cdot s'\cdot s''-2 \cdot D \cdot s''^{2}-2 \cdot D \cdot s'\cdot s'''}{(r_0 + s)^{2} + s'^{2}}$$

$$+ \frac{\dfrac{2 \cdot D^{I} \cdot s'^{3}+6 \cdot D \cdot s'^{2}\cdot s''}{r_0 + s} - \dfrac{2 \cdot D \cdot s'^{4}}{(r_0 + s)^{2}} - 2 \cdot D^{I} \cdot s'\cdot(r_0 + s + s'')}{(r_0 + s)^{2} + s'^{2}} \qquad (82)$$

Expresia (82) se scrie sub forma (83) în vederea unei noi derivări:

$$D^{II} \cdot [(r_0 + s)^{2} + s'^{2}] = s^{IV} \cdot (r_0 + s) - s''^{2}-2 \cdot D^{I} \cdot s'\cdot s''$$

$$- 2 \cdot D \cdot s''^{2}-2 \cdot D \cdot s'\cdot s'''+ \frac{2 \cdot D^{I} \cdot s'^{3}+6 \cdot D \cdot s'^{2}\cdot s''}{r_0 + s} \qquad (83)$$

$$- \frac{2 \cdot D \cdot s'^{4}}{(r_0 + s)^{2}} - 2 \cdot D^{I} \cdot s'\cdot(r_0 + s + s'')$$

Se derivează relația (83) și rezultă expresia (84):

96

$$D^{III} \cdot [(r_0 + s)^2 + s'^2] = s^V \cdot (r_0 + s) + s^{IV} \cdot s' - 2 \cdot s'' \cdot s'''$$

$$- 2 \cdot D^{II} \cdot s' \cdot s'' - 2 \cdot D^{I} \cdot s''^2 - 2 \cdot D^{I} \cdot s' \cdot s''' - 2 \cdot D^{I} \cdot s''^2$$

$$- 4 \cdot D \cdot s'' \cdot s''' - 2 \cdot D^{I} \cdot s' \cdot s''' - 2 \cdot D \cdot s'' \cdot s''' - 2 \cdot D \cdot s' \cdot s^{IV}$$

$$+ \frac{2 \cdot D^{II} \cdot s'^3 + 6 \cdot D^{I} \cdot s'^2 \cdot s'' + 6 \cdot D^{I} \cdot s'^2 \cdot s'' + 12 \cdot D \cdot s' \cdot s''^2 + 6 \cdot D \cdot s'^2 \cdot s'''}{r_0 + s}$$

$$- \frac{2 \cdot D^{I} \cdot s'^4 + 6 \cdot D \cdot s'^3 \cdot s''}{(r_0 + s)^2} - \frac{2 \cdot D^{I} \cdot s'^4 + 8 \cdot D \cdot s'^3 \cdot s''}{(r_0 + s)^2} + \frac{4 \cdot D \cdot s'^5}{(r_0 + s)^3}$$

$$- 2 \cdot D^{II} \cdot s' \cdot (r_0 + s + s'') - 2 \cdot D^{I} \cdot s'' \cdot (r_0 + s + s'') - 2 \cdot D^{I} \cdot s' \cdot (s' + s''')$$

$$- 2 \cdot D^{II} \cdot s' \cdot (r_0 + s + s'')$$

(84)

Expresia (84) se aranjează în forma (85), din care se extrage D''':

$$D^{III} \cdot [(r_0 + s)^2 + s'^2] = s^V \cdot (r_0 + s) + s^{IV} \cdot s' - 2 \cdot s'' \cdot s''' - 2 \cdot D^{II} \cdot s' \cdot s''$$

$$- 4 \cdot D^{I} \cdot s''^2 - 4 \cdot D^{I} \cdot s' \cdot s''' - 6 \cdot D \cdot s'' \cdot s''' - 2 \cdot D \cdot s' \cdot s^{IV}$$

$$+ \frac{2 \cdot D^{II} \cdot s'^3 + 12 \cdot D^{I} \cdot s'^2 \cdot s'' + 12 \cdot D \cdot s' \cdot s''^2 + 6 \cdot D \cdot s'^2 \cdot s'''}{r_0 + s}$$

(85)

$$- \frac{4 \cdot D^{I} \cdot s'^4 + 14 \cdot D \cdot s'^3 \cdot s''}{(r_0 + s)^2} + \frac{4 \cdot D \cdot s'^5}{(r_0 + s)^3}$$

$$- 4 \cdot D^{II} \cdot s' \cdot (r_0 + s + s'') - 2 \cdot D^{I} \cdot s'' \cdot (r_0 + s + s'') - 2 \cdot D^{I} \cdot s' \cdot (s' + s''')$$

Cu acest model dinamic prezentat, se poate face analiza dinamică completă și precisă.

9.6.3. Determinarea anticipată, precisă, a vitezei reduse şi a acceleraţiei reduse a supapei, prin metoda cu diferenţe finite

Calculul lui Δx este similar cu cel anterior, cu excepţia faptului că în loc de ipoteza statică ($F_m = F_r$), utilizăm diferenţele finite, pentru amorsarea calculelor, conform relaţiilor (86):

$$x \cong s + s' . \Delta \varphi$$

$$x' \cong s' + s'' . \Delta \varphi$$

$$x'' \cong s'' + s''' . \Delta \varphi$$

$$\ddot{X} = \omega^2 \cdot (D \cdot x'' + D^{I} \cdot x') =$$

$$= \omega^2 \cdot [D^{I} \cdot s' + (D + D^{I} \cdot \Delta \varphi) \cdot s'' + D \cdot s''' . \Delta \varphi]$$

$$\ddot{y} = \ddot{S} = \omega^2 \cdot (D \cdot s'' + D^{I} \cdot s')$$

(86)

Ecuația de pornire este cea cunoscută deja pe care o rescriem în forma (87):

$$\Delta x = - \frac{k.X + k.x_0 + m_S.\ddot{X} + m_T.\ddot{y}}{K} \tag{87}$$

Cu relațiile (86), ecuația (87) se scrie sub forma (88):

$$\Delta x = - \frac{k.s + k.s'.\Delta\varphi + k.x_0 + m_S.\omega^2.[D'.s'+(D + D'.\Delta\varphi).s''+D.s'''.\Delta\varphi]}{K}$$
$$- \frac{m_T.\omega^2.(D.s''+D'.s')}{K} \tag{88}$$

Prin derivare se obțin expresiile lui $(\Delta x)'$, (89) și $(\Delta x)''$, (90).

$$(\Delta x)' = - \frac{m_S.\omega^2.[D''.s'+(2.D'+D''.\Delta\varphi).s''+(D + 2.D'.\Delta\varphi).s'''+D.\Delta\varphi.s^{IV}]}{K}$$
$$- \frac{k.s'+k.\Delta\varphi.s''+m_T.\omega^2.(D''.s'+2.D'.s''+D.s''')}{K} \tag{89}$$

$$(\Delta x)'' = - \frac{m_S.\omega^2.[D'''.s'+(3.D''+D'''.\Delta\varphi).s''+3.(D'+D''.\Delta\varphi).s''']}{K}$$
$$- \frac{m_S.\omega^2.[(D + 3.D'.\Delta\varphi).s^{IV} + D.\Delta\varphi.s^V]}{K} \tag{90}$$
$$- \frac{k.s''+k.\Delta\varphi.s'''+m_T.\omega^2.(D'''.s'+3.D''.s''+3.D'.s'''+D.s^{IV})}{K}$$

9.6.4. Determinarea anticipată și precisă a vitezei reduse și a accelerației reduse a supapei, utilizând modelul dinamic care ia în calcul și masa m_1 a camei

La paragraful 9.6. a fost prezentat un model dinamic care ia în calcul și masa camei. Relația (63) se rescrie sub forma (91):

$$\Delta x = \frac{- \omega^2.m^*.[D.x''+D'.x'] - \frac{m_1^*}{2}.\omega^2.\frac{r_0^* + s + s''}{D}.\frac{s'}{x'} - k.(s + x_0)}{K + k} \tag{91}$$

De la ipoteza statică $(F_m=F_r)$, reținem relațiile de amorsare (92):

$$x_S^I \cong \frac{K \cdot s^I}{K + k}$$
$$x_S^{II} \cong \frac{K \cdot s^{II}}{K + k} \tag{92}$$

Cu relațiile (92), expresia (91) capătă forma (93):

$$\Delta x = \frac{-\omega^2 \cdot m^* \cdot K}{(K + k)^2} \cdot [D \cdot s^{II} + D^I \cdot s^I]$$

$$- \frac{m_1^*}{2} \cdot \frac{\omega^2}{K} \cdot \frac{(r_0^* + s + s^{II})}{D} - \frac{k}{K + k} \cdot (s + x_0)$$

(93)

Expresia (93) se derivează succesiv, de două ori, pentru obținerea lui $(\Delta x)'$, (94) și $(\Delta x)''$, (95).

$$(\Delta x)' = -\frac{\omega^2 \cdot m^* \cdot K}{(K + k)^2} \cdot [D^{II} \cdot s^I + 2 \cdot D^I \cdot s^{II} + D \cdot s^{III}]$$

$$- \frac{k \cdot s^I}{K + k} - \frac{m_1^*}{2} \cdot \frac{\omega^2}{K} \cdot [\frac{s^I + s^{III}}{D} - \frac{(r_0^* + s + s^{II}) \cdot D^I}{D^2}]$$

(94)

$$(\Delta x)^{II} = -\frac{\omega^2 \cdot m^* \cdot K}{(K + k)^2} \cdot [D^{III} \cdot s^I + 3 \cdot D^{II} \cdot s^{II} + 3 \cdot D^I \cdot s^{III} + D \cdot s^{IV}]$$

$$- \frac{k \cdot s^{II}}{K + k} - \frac{m_1^*}{2} \cdot \frac{\omega^2}{K} \cdot [\frac{s^{II} + s^{IV}}{D} -$$

$$\frac{2 \cdot (s^I + s^{III}) \cdot D^I + (r_0^* + s + s^{II}) \cdot D^{II}}{D^2} + \frac{2 \cdot (r_0^* + s + s^{II}) \cdot D'^2}{D^3}]$$

(95)

Cu relațiile (94) și (95), expresiile (96) capătă formele (97) și respectiv (98).

$$x^I = s^I + (\Delta x)^I$$
$$x^{II} = s^{II} + (\Delta x)^{II}$$

(96)

$$x^I = s^I - \frac{\omega^2 \cdot m^* \cdot K}{(K + k)^2} \cdot [D^{II} \cdot s^I + 2 \cdot D^I \cdot s^{II} + D \cdot s^{III}]$$

$$- \frac{k \cdot s^I}{K + k} - \frac{m_1^*}{2} \cdot \frac{\omega^2}{K} \cdot [\frac{s^I + s^{III}}{D} - \frac{(r_0^* + s + s^{II}) \cdot D^I}{D^2}]$$

(97)

$$x^{II} = s^{II} - \frac{\omega^2 \cdot m^* \cdot K}{(K + k)^2} \cdot [D^{III} \cdot s^I + 3 \cdot D^{II} \cdot s^{II} + 3 \cdot D^I \cdot s^{III} + D \cdot s^{IV}]$$

$$- \frac{k \cdot s^{II}}{K + k} - \frac{m_1^*}{2} \cdot \frac{\omega^2}{K} \cdot [\frac{s^{II} + s^{IV}}{D} -$$

$$\frac{2 \cdot (s^I + s^{III}) \cdot D^I + (r_0^* + s + s^{II}) \cdot D^{II}}{D^2} + \frac{2 \cdot (r_0^* + s + s^{II}) \cdot D'^2}{D^3}]$$

(98)

Expresiile (97) şi (98) determină, anticipat şi precis, viteza redusă a supapei, respectiv acceleraţia redusă a supapei. Ele se introduc în relaţia (91) şi se determină astfel cu precizie Δx. Cu Δx calculat putem afla imediat deplasarea supapei, x, (cu relaţia x=s+Δx). Rezultă un model dinamic precis şi flexibil.

Precizare: Trebuie făcută următoarea precizare. În modelele dinamice utilizate, s-a luat în calcul pentru deplasarea dinamică (reală) a supapei, valoarea x în loc de X, din motive de simetrie faţă de funcţia de intrare, cunoscută, s. Funcţia de intrare necunoscută, S s-a notat cu y. Avantajele utilizării deplasării x (care este aproximativ egală cu X, dar care are alte derivate, în comparaţie cu X) sunt următoarele: utilizarea în ecuaţia dinamică (diferenţială) a valorii s (cunoscută), în loc de S=y (necunoscută), utilizarea deasemenea a valorii x care se poate aproxima atât ea , cât şi derivatele ei cu valori cunoscute (anticipat), fapt care uşurează mult rezolvarea ecuaţiei diferenţiale, prin posibilitatea introducerii anticipate în ecuaţie a valorilor x' şi x" aproximativ cunoscute, ceea ce conduce la transformarea ecuaţiei diferenţiale într-o ecuaţie liniară de gradul I. Utilizarea la ieşire a funcţiei x, care lucrează simetric cu funcţia de intrare cunoscută, s, crează posibilitatea obţinerii unor rezultate mai apropiate de realitate. Între aceste funcţii, între care există o transformare (X cu x) şi (y=S cu s) se crează următoarele relaţii de legătură (99):

$$x \cong \frac{K}{K+k} \cdot s - \frac{k}{K+k} \cdot x_0 ; x' \cong \frac{K}{K+k} \cdot s' ; x'' \cong \frac{K}{K+k} \cdot s'' ;$$

$$X \cong \frac{K}{K+k} \cdot y - \frac{k}{K+k} \cdot x_0 ; X' \cong \frac{K}{K+k} \cdot y' = \frac{K}{K+k} \cdot D \cdot s' = D \cdot x' ;$$

$$X'' \cong \frac{K}{K+k} \cdot y'' = \frac{K}{K+k} \cdot (D' \cdot s' + D \cdot s'') = D' \cdot x' + D \cdot x'' ; \qquad (99)$$

$$X = \int D \cdot x' \cdot d\varphi \cong x ; X' = D \cdot x' ; X'' = D' \cdot x' + D \cdot x'' ;$$

$$S \equiv y = \int D \cdot s' \cdot d\varphi \cong s ; S' \equiv y' = D \cdot s' ; S'' \equiv y'' = D' \cdot s' + D \cdot s''$$

9.7. Model dinamic cu integrare

Influenţa resortului supapei, în modelele dinamice prezentate anterior, este în general redusă, deşi în realitate ea trebuie să fie mult mai substanţială. Deficienţa apare datorită modului de rezolvare aproximativă a ecuaţiei dinamice (diferenţiale) cunoscute, rezolvare care face ca elasticitatea k a resortului supapei să devină neglijabilă comparativ cu K.

Pentru a putea ţine cont de k, cât şi de x_0, se scrie ecuaţia (100), de echilibru de forţe pe axa supapei, numai pentru supapă (pentru masa supapei, m_S*):

$$m_s^* \cdot \omega^2 \cdot X^{II} - m_s^* \cdot g = F^* \qquad (100)$$

Forţa redusă care acţionează asupra supapei, se scrie cu cele două componente ale sale, cea motoare şi cea rezistentă (101):

$$F^* = F_m^* - F_r^* \qquad (101)$$

Forţa rezistentă redusă la supapă este cunoscută (102):

$$F_r^* = k \cdot (X + x_0) \tag{102}$$

Forţa motoare redusă la supapă, F_m^*, se poate exprima în mai multe moduri. Dacă o calculăm direct printr-o relaţie cunoscută, de tipul celei deja prezentate $F_m^* = K \cdot (y - X)$, ea preia controlul în ecuaţie, iar K practic face constanta k inoperabilă (deşi resortul există şi lucrează); pe de altă parte orice deplasare înmulţită cu K este mult mai mare decât prestrângerea resortului supapei $k.x_0$, astfel încât şi influenţa lui x_0 dispare practic din ecuaţie, din teorie, (deşi ea există în procesul dinamic real). Soluţia care se întrevede în acest caz este ca forţa redusă motoare, F_m^*, să fie exprimată în funcţie de F_r^*, prin integrarea momentului rezistent redus cunoscut. Se consideră relaţia (103) care exprimă valoarea momentului rezistent redus:

$$M_r^* = F_r^* \cdot X^I = k \cdot (X + x_0) \cdot X^I \tag{103}$$

Momentul motor redus corespunzător (104), se află prin integrarea momentului rezistent redus pe toată cursa de ridicare (de exemplu), adică pe intervalul $[0, \varphi_u]$.

$$M_m^* = \frac{1}{\varphi_u} \cdot \int_0^{\varphi_u} M_r^* \cdot d\varphi = \frac{1}{\varphi_u} \cdot \int_0^{\varphi_u} k \cdot (X + x_0) \cdot X^I \cdot d\varphi$$

$$= \frac{k}{\varphi_u} \cdot \int_0^{\varphi_u} (X + x_0) \cdot X^I \cdot d\varphi = \frac{k}{\varphi_u} \cdot [\frac{(X + x_0)^2}{2}]_0^{\varphi_u}$$

$$= \frac{k}{2 \cdot \varphi_u} \cdot [(X + x_0)^2]_0^{\varphi_u} = \frac{k}{2 \cdot \varphi_u} \cdot [(h + x_0)^2 - x_0^2] \tag{104}$$

$$= \frac{k}{2 \cdot \varphi_u} \cdot (h^2 + 2 \cdot h \cdot x_0 + x_0^2 - x_0^2) = \frac{k}{2 \cdot \varphi_u} \cdot (h^2 + 2 \cdot h \cdot x_0)$$

$$= \frac{h \cdot k}{2 \cdot \varphi_u} \cdot (h + 2 \cdot x_0) = \frac{h \cdot k}{\varphi_u} \cdot (\frac{h}{2} + x_0)$$

Momentul redus total se scrie sub forma (105):

$$M^* = M_m^* - M_r^* = \frac{h \cdot k}{\varphi_u} \cdot (\frac{h}{2} + x_0) - k \cdot (X + x_0) \cdot X^I \tag{105}$$

Forţa redusă totală este (106):

$$F^* = F_m^* - F_r^* = \frac{M_m^* - M_r^*}{X^I} =$$

$$= \frac{h \cdot k}{\varphi_u} \cdot (\frac{h}{2} + x_0) \cdot \frac{1}{X^I} - k \cdot X - k \cdot x_0 \tag{106}$$

Ecuaţia dinamică la supapă se scrie sub forma (107):

$$\frac{h \cdot k}{\varphi_u} \cdot \left(\frac{h}{2} + x_0\right) \cdot \frac{1}{X^I} - k \cdot X - k \cdot x_0 =$$

$$= m_s^* \cdot \omega^2 \cdot X^{II} - m_s^* \cdot g \tag{107}$$

Se poate scrie (107) în forma (108):

$$\frac{h \cdot k}{\varphi_u} \cdot \left(\frac{h}{2} + x_0\right) \cdot \frac{1}{X^I} =$$

$$= k \cdot X + k \cdot x_0 + m_s^* \cdot \omega^2 \cdot X^{II} - m_s^* \cdot g \tag{108}$$

Ecuația (108) se mai scrie și sub forma (109):

$$\frac{h \cdot k}{\varphi_u} \cdot \left(\frac{h}{2} + x_0\right) =$$

$$= [k \cdot X + k \cdot x_0 + m_s^* \cdot \omega^2 \cdot X^{II} - m_s^* \cdot g] \cdot X^I \tag{109}$$

Din (109) se explicitează X' (110):

$$X^I = \frac{\dfrac{h \cdot k}{\varphi_u} \cdot \left(\dfrac{h}{2} + x_0\right)}{k \cdot X + k \cdot x_0 + m_s^* \cdot \omega^2 \cdot X^{II} - m_s^* \cdot g} \tag{110}$$

Pentru evaluarea efectivă a lui X' (din 110), se scriu X și X" sub formele (111), respectiv (112) și se substituie în numitorul relației (110), care ia forma (113):

$$X = \frac{K \cdot y}{K + k} - \frac{k \cdot x_0}{K + k} \cong \frac{K \cdot s}{K + k} - \frac{k \cdot x_0}{K + k} \tag{111}$$

$$X^{II} = \frac{K}{K + k} \cdot (D^I \cdot s^I + D \cdot s^{II}) \tag{112}$$

$$X^I = \frac{\dfrac{h \cdot k}{\varphi_u} \cdot \left(\dfrac{h}{2} + x_0\right)}{\dfrac{k \cdot K \cdot s}{K + k} - \dfrac{k^2 \cdot x_0}{K + k} + \dfrac{K \cdot k \cdot x_0 + k^2 \cdot x_0}{K + k} + \dfrac{m_s^* \cdot \omega^2 \cdot K}{K + k} \cdot (D^I \cdot s^I + D \cdot s^{II}) - \dfrac{(K + k) \cdot m_s^* \cdot g}{K + k}} \tag{113}$$

Relația (113) se reduce la forma (114):

$$X^I = \frac{\dfrac{(K + k) \cdot h \cdot k}{\varphi_u} \cdot \left(\dfrac{h}{2} + x_0\right)}{k \cdot K \cdot (s + x_0) + m_s^* \cdot \omega^2 \cdot K \cdot (D^I \cdot s^I + D \cdot s^{II}) - (K + k) \cdot m_s^* \cdot g} \tag{114}$$

Se derivează relația (114) și se obține expresia (115):

$$X^{II} = -\frac{\dfrac{(K+k)\cdot h \cdot k}{\varphi_u}\cdot\left(\dfrac{h}{2}+x_0\right)\cdot[k\cdot K\cdot s^I + m_S^*\cdot\omega^2\cdot K\cdot(D^{II}\cdot s^I + 2\cdot D^I\cdot s^{II} + D\cdot s^{III})]}{[k\cdot K\cdot(s+x_0)+m_S^*\cdot\omega^2\cdot K\cdot(D^I\cdot s^I + D\cdot s^{II})-(K+k)\cdot m_S^*\cdot g]^2} \quad (115)$$

Reamintim ecuaţia diferenţială pentru modelul dinamic cu amortizare internă a sistemului variabilă, fără să ţină cont de masa camei):

$$x = \frac{K\cdot s - k\cdot x_0 - m_S^*\cdot\omega^2\cdot X^{II} - m_T^*\cdot\omega^2\cdot\dfrac{K+k}{K}\cdot(D^I\cdot s^I + D\cdot s^{II})}{K+k} \quad (116)$$

Acum se poate rezolva direct ecuaţia diferenţială (116), introducând pentru necunoscuta X", expresia (115), obţinută cu ajutorul modelului dinamic cu integrare, scris pentru supapă; x' şi x" se obţin prin derivare numerică; Deplasarea x, se obţine acum prin metoda dinamică cu integrare; la fel şi v şi a supapă. Avantajele acestui model dinamic sunt date de variaţia efectivă a lui x, x', x", sau X, v, a, şi cu coeficientul elastic, k, al arcului supapei, cât şi cu prestrângerea resortului, x_0.

9.8. Rezolvarea ecuaţiei diferenţiale prin, integrare directă şi obţinerea ecuaţiei mamă

Rezolvarea cea mai firească a ecuaţiei dinamice, care este o ecuaţie diferenţială, este *rezolvarea prin integrare directă, printr-o metodă originală.*

Ecuaţia diferenţială de bază, cunoscută atât de la cap. 8 cât şi din cadrul acestui capitol, cea cu amortizare internă a sistemului variabilă, dar care nu ţine cont de masa camei, se scrie sub forma (117):

$$-(K+k)\cdot x + K\cdot y - k\cdot x_0 - m_S^*\cdot\omega^2\cdot x^{II} =$$
$$= \frac{m_T^*\cdot\omega^2\cdot y^{II}\cdot y^I}{x^I} \quad (117)$$

Înmulţim ecuaţia cu x' şi obţinem forma (118):

$$-(K+k)\cdot x\cdot x^I + K\cdot y\cdot x^I - k\cdot x_0\cdot x^I -$$
$$- m_S^*\cdot\omega^2\cdot x^I\cdot x^{II} = m_T^*\cdot\omega^2\cdot y^I\cdot y^{II} \quad (118)$$

Cum singurul care se integrează mai greu (nu se poate integra direct) este termenul K.y.x', îl înlocuim prin aproximare (ţinând cont de ipoteza statică) cu $K\cdot y\cdot\dfrac{K}{K+k}\cdot y^I$ şi obţinem ecuaţia (119):

$$-(K+k)\cdot x\cdot x^I + \frac{K^2}{K+k}\cdot y\cdot y^I - k\cdot x_0\cdot x^I -$$
$$- m_S^*\cdot\omega^2\cdot x^I\cdot x^{II} = m_T^*\cdot\omega^2\cdot y^I\cdot y^{II} \quad (119)$$

Ecuaţia (119) obţinută se integrează direct şi obţinem părintele ei (120):

$$- (K + k) \cdot \frac{x^2}{2} + \frac{K^2}{K + k} \cdot \frac{y^2}{2} - k \cdot x_0 \cdot x -$$

$$- m_S^* \cdot \omega^2 \cdot \frac{x'^2}{2} = m_T^* \cdot \omega^2 \cdot \frac{y'^2}{2} + C \qquad (120)$$

Punând condiția ca la momentul inițial $\varphi=0$, când $y=y'=0$ și $x=x'=0$, obținem pentru constanta de integrare, C, valoarea zero, (C=0). Ecuația mamă, (121) se scrie sub forma (122):

$$- (K + k) \cdot \frac{x^2}{2} + \frac{K^2}{K + k} \cdot \frac{y^2}{2} - k \cdot x_0 \cdot x -$$

$$- m_S^* \cdot \omega^2 \cdot \frac{x'^2}{2} = m_T^* \cdot \omega^2 \cdot \frac{y'^2}{2} \qquad (122)$$

Ordonăm termenii, înmulțim ecuația cu -2, o împărțim la (K+k) și rezultă forma (123):

$$x^2 + 2 \cdot \frac{k \cdot x_0}{K + k} \cdot x + \frac{m_S^* \cdot \omega^2}{K + k} \cdot x'^2 +$$

$$+ \frac{m_T^* \cdot \omega^2}{K + k} y'^2 - \frac{K^2}{(K + k)^2} \cdot y^2 = 0 \qquad (123)$$

Această ecuație este mult mai simplu de rezolvat. Integrarea directă încă odată, fiind dificilă, se preferă rezolvarea ei, prin una din diversele metode posibile.

9.8.1. Rezolvarea ecuației diferențiale, mamă, prin utilizarea ipotezei statice

Rezolvarea cea mai simplă a ecuației diferențiale mamă, se face prin utilizarea imediată a ipotezei statice care înlocuiește viteza redusă a supapei, x', cu viteza redusă impusă de camă, y', conform relației deja prezentate, $x' = \dfrac{K}{K + k} \cdot y'$, astfel încât ecuația mamă (123) capătă forma (124):

$$x^2 + 2 \cdot \frac{k \cdot x_0}{K + k} \cdot x - \frac{K^2}{(K + k)^2} \cdot y^2 +$$

$$+ \frac{\dfrac{K^2}{(K + k)^2} \cdot m_S^* + m_T^*}{(K + k)} \cdot \omega^2 \cdot y'^2 = 0 \qquad (124)$$

104

Am obţinut astfel o ecuaţie de gradul 2 în x, care se rezolvă simplu ca orice ecuaţie de gradul II, (paragraful 9.8.1.1.), sau mai elegant, prin metoda diferenţelor finite (paragraful 9.8.1.2.):

9.8.1.1. Rezolvarea ecuaţiei diferenţiale,mamă, prin utilizarea ipotezei statice, prin rezolvarea obişnuită a ecuaţiei de gradul II, în x

Rezolvarea cea mai simplă a ecuaţiei (124), ecuaţie de gradul doi în x, se face direct prin calculul realizantului Δ, (vezi relaţiile 125, 126), şi a celor două soluţii $x_{1,2}$, (a se vedea relaţiile 127 şi 128):

$$\Delta = \frac{(k \cdot x_0)^2 + (K \cdot s)^2}{(K + k)^2} - \frac{m_S^* \cdot \dfrac{K^2}{(K + k)^2} + m_T^*}{(K + k)} \cdot y'^2 \cdot \omega^2 \qquad (125)$$

$$\Delta = \frac{(k \cdot x_0)^2 + (K \cdot s)^2}{(K + k)^2} - \frac{m_S^* \cdot \dfrac{K^2}{(K + k)^2} + m_T^*}{(K + k)} \cdot (D \cdot s')^2 \cdot \omega^2 \qquad (126)$$

$$X_{1,2} = -\frac{k \cdot x_0}{K + k} \pm \sqrt{\Delta} \qquad (127)$$

Cum nu se doreşte o soluţie negativă pe tot intervalul (nu este posibilă fizic), oprim numai soluţia cu plus (128):

$$X = \sqrt{\Delta} - \frac{k \cdot x_0}{K + k} \qquad (128)$$

9.8.1.2. Rezolvarea ecuaţiei diferenţiale,mamă, cu ajutorul ipotezei statice, prin utilizarea diferenţelor finite

Rezolvarea mai elegantă a ecuaţiei (124), ecuaţie de gradul doi în x, se face prin utilizarea diferenţelor finite.

În acest scop utilizăm notaţia (129):

$$X = s + \Delta X \qquad (129)$$

Cu relaţia (129) ecuaţia (124) capătă forma (130):

$$s^2 + (\Delta X)^2 + 2 \cdot \Delta X \cdot s + 2 \cdot \frac{k \cdot x_0}{K + k} \cdot s + 2 \cdot \frac{k \cdot x_0}{K + k} \cdot \Delta X$$

$$- \frac{K^2}{(K + k)^2} s^2 + \frac{\dfrac{K^2}{(K + k)^2} \cdot m_s^* + m_T^*}{(K + k)} \cdot \omega^2 \cdot y'^2 = 0 \qquad (130)$$

Ecuaţia (130) este o ecuaţie de gradul doi în ΔX, care se poate rezolva direct (exact), prin aflarea realizantului Δ (a se urmări relaţia 132) şi a soluţiilor $\Delta X_{1,2}$, din care oprim doar soluţia cu plus (a se vedea relaţia 3.205), sau se poate transforma într-o ecuaţie de gradul I, în ΔX, punând $(\Delta X)^2 \cong 0$, ecuaţie care îl generează imediat şi direct pe ΔX (vezi relaţia 131).

$$\Delta X = (-1) \cdot \frac{(k^2 + 2 \cdot k \cdot K) \cdot s^2 + 2 \cdot k \cdot x_0 \cdot (K + k) \cdot s + [\dfrac{K^2}{K + k} \cdot m_s^* + (K + k) \cdot m_T^*] \cdot \omega^2 \cdot (Ds')^2}{2 \cdot (s + \dfrac{k \cdot x_0}{K + k}) \cdot (K + k)^2} \qquad (131)$$

$$\Delta = \frac{K^2 \cdot s^2 + k^2 \cdot x_0^2 - [\dfrac{K^2}{K + k} \cdot m_s^* + (K + k) \cdot m_T^*] \cdot \omega^2 \cdot (D \cdot s')^2}{(K + k)^2} \qquad (132)$$

$$\Delta X = \sqrt{\Delta} - (s + \frac{k \cdot x_0}{K + k}) \qquad (133)$$

Putem să scriem un program de calcul (vezi Anexa 3), care să utilizeze numai ecuaţia (131) pentru aflarea soluţiilor ΔX. Avantajul principal al unui astfel de model dinamic este în primul rând faptul că în acest mod găsim direct diferenţa finită, ΔX, care adunată la S generează chiar soluţia finală, X, a sistemului mecanic, soluţie pe care o căutam. De aici rezultă şi un alt avantaj al cunoaşterii expresiei lui X, şi anume faptul că putem deriva expresia lui X, (134, sau 135), direct şi cu uşurinţă, obţinând pentru X' relaţia (136) şi pentru X" relaţia (137).

$$X = s - \frac{[\dfrac{K^2}{K + k} \cdot m_s^* + (K + k) \cdot m_T^*] \cdot \omega^2 \cdot (Ds')^2}{2 \cdot (s + \dfrac{k \cdot x_0}{K + k}) \cdot (K + k)^2}$$

$$- \frac{(k^2 + 2 \cdot k \cdot K) \cdot s^2 + 2 \cdot k \cdot x_0 \cdot (K + k) \cdot s}{2 \cdot (s + \dfrac{k \cdot x_0}{K + k}) \cdot (K + k)^2} \qquad (134)$$

$$X = \frac{C_1 \cdot s^2 - C_2 \cdot s - C_3 \cdot y'^2}{C_4 \cdot s + C_2} \qquad (135)$$

$$X' = \frac{2 \cdot C_1 \cdot s \cdot s' - C_2 \cdot s' - 2 \cdot C_3 \cdot y' \cdot y'' - C_4 \cdot s' \cdot X}{C_4 \cdot s + C_2} \qquad (136)$$

$$X'' = \frac{2C_1 s'^2 + 2C_1 ss'' - C_2 s'' - 2C_3 y''^2 - 2C_3 y' y''' - 2C_4 s' X' - C_4 s'' X}{C_4 \cdot s + C_2} \qquad (137)$$

S-au utilizat notațiile (138):

$$
\begin{aligned}
C_1 &= 2 \cdot K^2 + k^2 + 2 \cdot k \cdot K \\
C_2 &= 2 \cdot k \cdot x_0 \cdot (K + k) \\
C_3 &= \frac{K^2 \cdot m_S^* + (K + k)^2 \cdot m_T^*}{(K + k)} \cdot \omega^2 \\
C_4 &= 2 \cdot (K + k)^2
\end{aligned}
\qquad (138)
$$

10. DETERMINAREA MOMENTELOR DE INERŢIE MASICE (MECANICE)

La începutul acestui capitol se vor prezenta formulele pentru calcularea momentelor de inerţie masice sau mecanice pentru diferite corpuri (diverse forme geometrice), faţă de anumite axe importante indicate (ca fiind axa de calcul).

Se notează cu M masa totală a corpului la care se determină momentul de inerţie mecanic (masic). Formulele de calcul vor fi afişate în cadrul figurii respective.

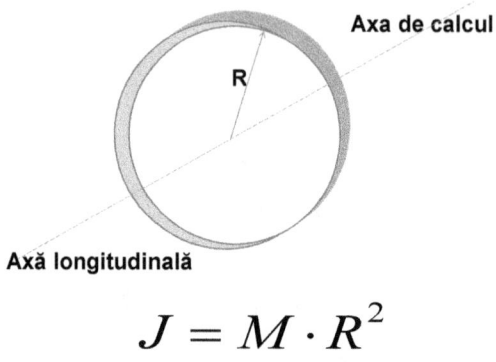

$$J = M \cdot R^2$$

Fig. 1. *Momentul de inerţie masic la un inel, determinat în jurul axei longitudinale a inelului*

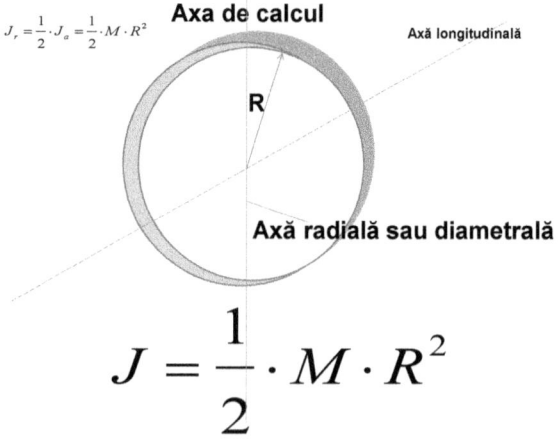

$$J_r = \frac{1}{2} \cdot J_a = \frac{1}{2} \cdot M \cdot R^2$$

$$J = \frac{1}{2} \cdot M \cdot R^2$$

Fig. 2. *Momentul de inerţie masic la un inel, determinat în jurul unei axe radiale sau diametrale a inelului*

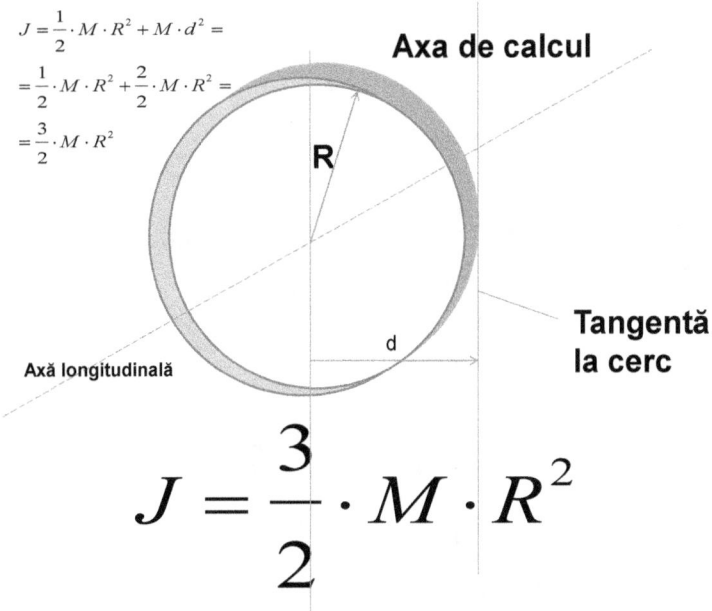

$$J = \frac{1}{2} \cdot M \cdot R^2 + M \cdot d^2 =$$

$$= \frac{1}{2} \cdot M \cdot R^2 + \frac{2}{2} \cdot M \cdot R^2 =$$

$$= \frac{3}{2} \cdot M \cdot R^2$$

Axa de calcul

R

Axă longitudinală

d

Tangentă la cerc

$$J = \frac{3}{2} \cdot M \cdot R^2$$

Fig. 3. *Momentul de inerţie masic la un inel, determinat în jurul unei axe tangente la cercul inelului*

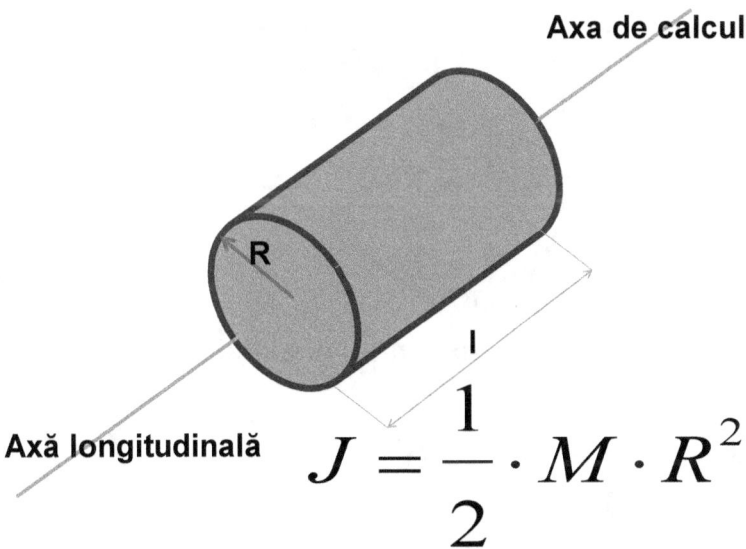

Axa de calcul

R

l

Axă longitudinală

$$J = \frac{1}{2} \cdot M \cdot R^2$$

Fig. 4. *Momentul de inerţie masic la un cilindru sau la un disc, determinat în jurul axei longitudinale a cilindrului sau a discului*

$$J_r = \frac{1}{2} \cdot J_a = \frac{1}{2} \cdot \frac{1}{2} \cdot M \cdot R^2 =$$

$$= \frac{1}{4} \cdot M \cdot R^2$$

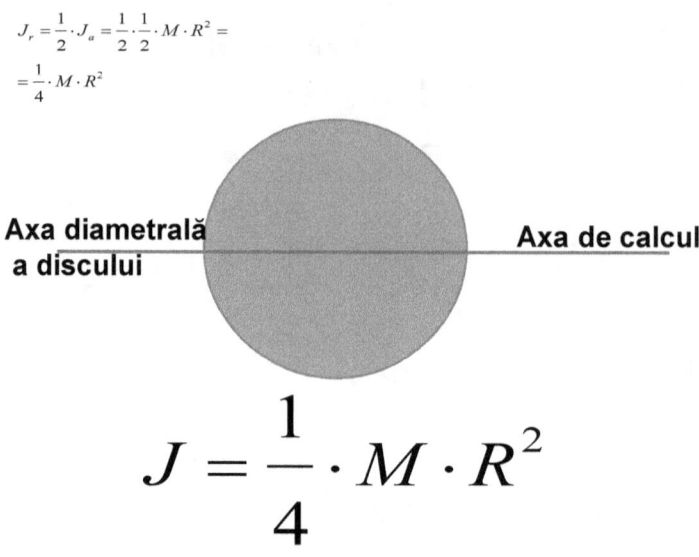

$$J = \frac{1}{4} \cdot M \cdot R^2$$

Fig. 5. *Momentul de inerţie masic la un disc, determinat în jurul axei diametrale sau radiale a discului*

$$J = J_{rdisc} + \frac{1}{12} \cdot M \cdot l^2 =$$

$$= \frac{1}{4} \cdot M \cdot R^2 + \frac{1}{12} \cdot M \cdot l^2$$

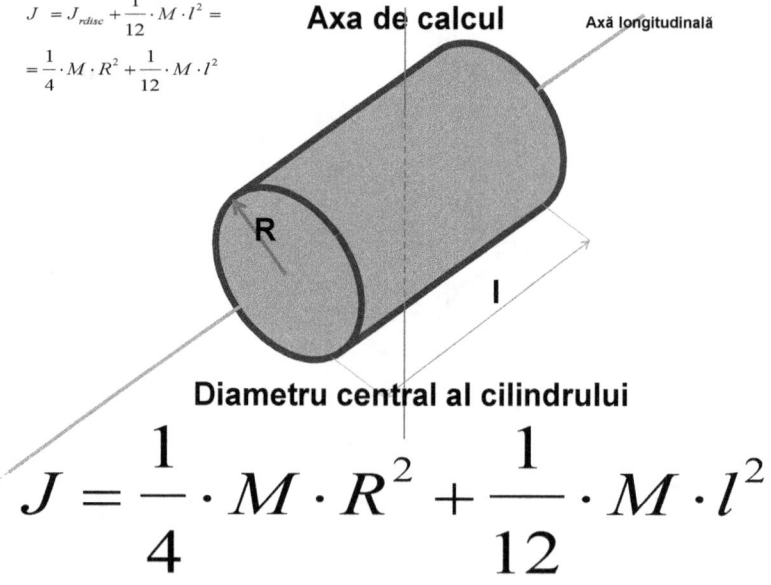

$$J = \frac{1}{4} \cdot M \cdot R^2 + \frac{1}{12} \cdot M \cdot l^2$$

Fig. 6. *Momentul de inerţie masic la un cilindru, determinat în jurul unei axe diametrale centrale (în jurul unui diametru central)*

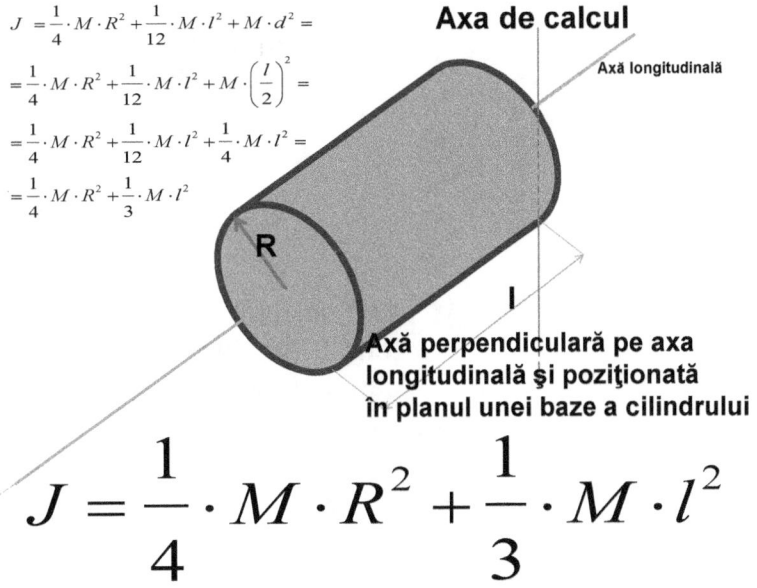

$$J = \frac{1}{4} \cdot M \cdot R^2 + \frac{1}{3} \cdot M \cdot l^2$$

Fig. 7. *Momentul de inerţie masic la un cilindru, determinat în jurul unei axe situate în planul de capăt al cilindrului (pe o bază a cilindrului), perpendicular pe axa longitudinală*

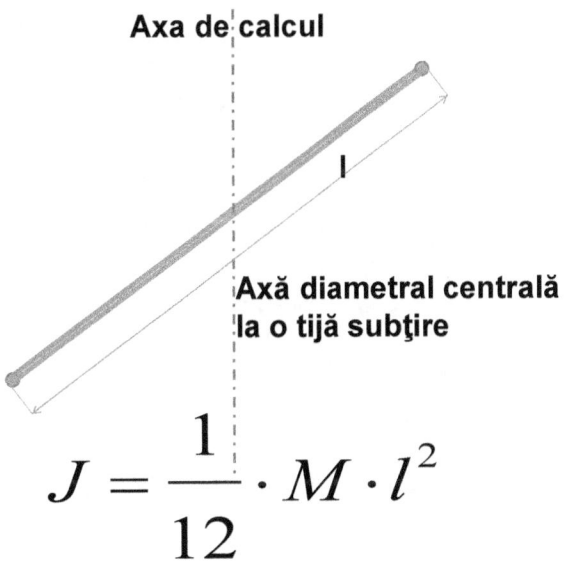

$$J = \frac{1}{12} \cdot M \cdot l^2$$

Fig. 8. *Momentul de inerţie masic la o tijă subţire, determinat în jurul unei axe ce trece printr-un diametru central al tijei*

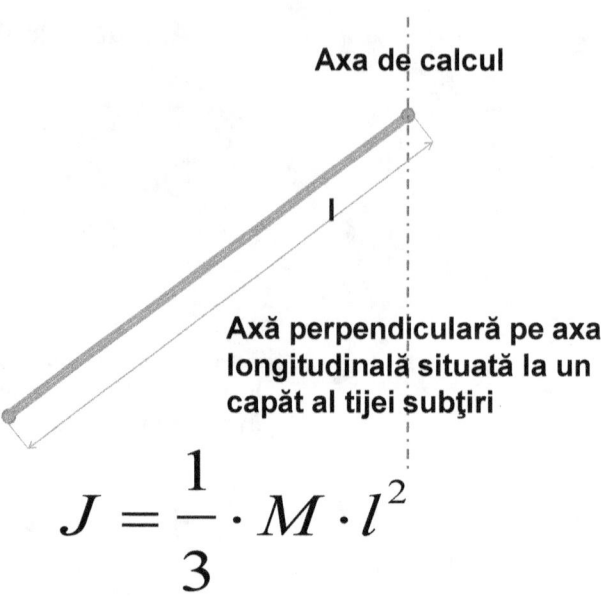

Axa de calcul

Axă perpendiculară pe axa longitudinală situată la un capăt al tijei subţiri

$$J = \frac{1}{3} \cdot M \cdot l^2$$

Fig. 9. *Momentul de inerţie masic la o tijă subţire, determinat în jurul unei axe situată în unul din capetele tijei perpendicular pe axa longitudinală a tijei*

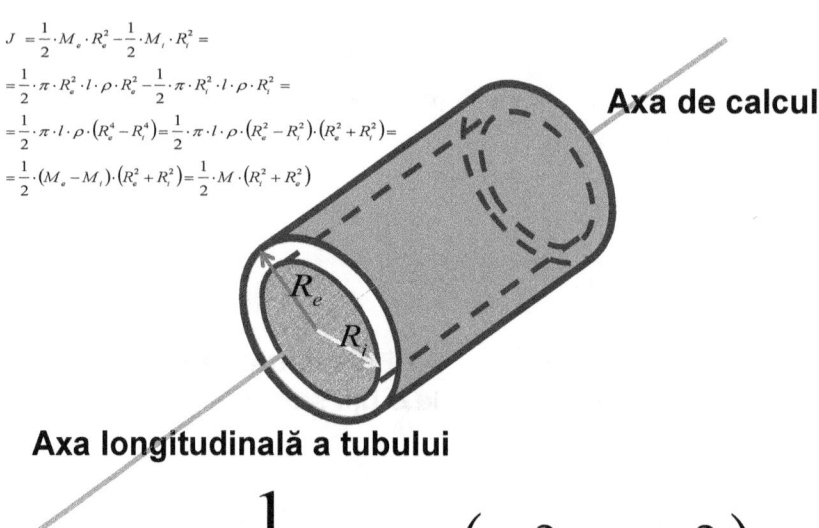

$$J = \frac{1}{2} \cdot M_e \cdot R_e^2 - \frac{1}{2} \cdot M_i \cdot R_i^2 =$$
$$= \frac{1}{2} \cdot \pi \cdot R_e^2 \cdot l \cdot \rho \cdot R_e^2 - \frac{1}{2} \cdot \pi \cdot R_i^2 \cdot l \cdot \rho \cdot R_i^2 =$$
$$= \frac{1}{2} \cdot \pi \cdot l \cdot \rho \cdot (R_e^4 - R_i^4) = \frac{1}{2} \cdot \pi \cdot l \cdot \rho \cdot (R_e^2 - R_i^2) \cdot (R_e^2 + R_i^2) =$$
$$= \frac{1}{2} \cdot (M_e - M_i) \cdot (R_e^2 + R_i^2) = \frac{1}{2} \cdot M \cdot (R_i^2 + R_e^2)$$

Axa de calcul

Axa longitudinală a tubului

$$J = \frac{1}{2} \cdot M \cdot \left(R_i^2 + R_e^2 \right)$$

Fig. 10. *Momentul de inerţie masic la un tub (sau ţeavă, sau coroană circulară), determinat în jurul axei longitudinale*

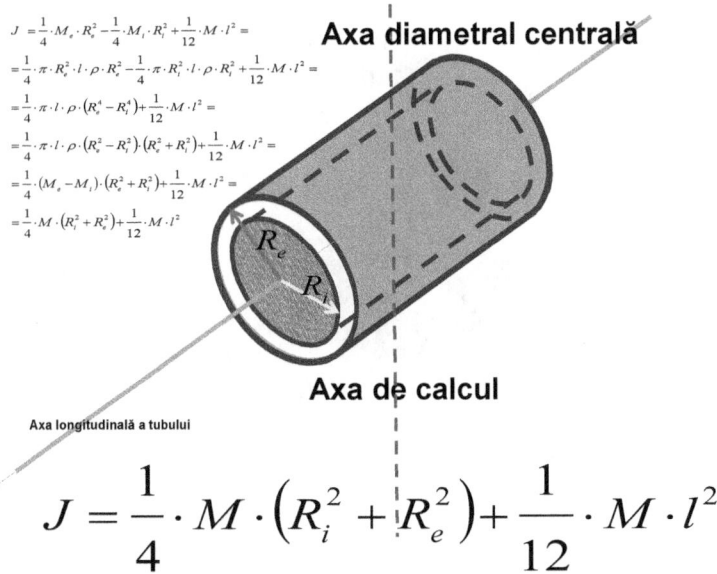

$$J = \frac{1}{4}\cdot M_e \cdot R_e^2 - \frac{1}{4}\cdot M_i \cdot R_i^2 + \frac{1}{12}\cdot M \cdot l^2 =$$

$$= \frac{1}{4}\cdot \pi \cdot R_e^2 \cdot l \cdot \rho \cdot R_e^2 - \frac{1}{4}\cdot \pi \cdot R_i^2 \cdot l \cdot \rho \cdot R_i^2 + \frac{1}{12}\cdot M \cdot l^2 =$$

$$= \frac{1}{4}\cdot \pi \cdot l \cdot \rho \cdot \left(R_e^4 - R_i^4\right)+\frac{1}{12}\cdot M \cdot l^2 =$$

$$= \frac{1}{4}\cdot \pi \cdot l \cdot \rho \cdot \left(R_e^2 - R_i^2\right)\cdot \left(R_e^2 + R_i^2\right)+\frac{1}{12}\cdot M \cdot l^2 =$$

$$= \frac{1}{4}\cdot \left(M_e - M_i\right)\cdot \left(R_e^2 + R_i^2\right)+\frac{1}{12}\cdot M \cdot l^2 =$$

$$= \frac{1}{4}\cdot M \cdot \left(R_i^2 + R_e^2\right)+\frac{1}{12}\cdot M \cdot l^2$$

Axa diametral centrală

Axa de calcul

Axa longitudinală a tubului

$$J = \frac{1}{4}\cdot M \cdot \left(R_i^2 + R_e^2\right)+\frac{1}{12}\cdot M \cdot l^2$$

Fig. 11. *Momentul de inerţie masic la un tub (sau ţeavă, sau coroană circulară), determinat în jurul axei diametral centrale*

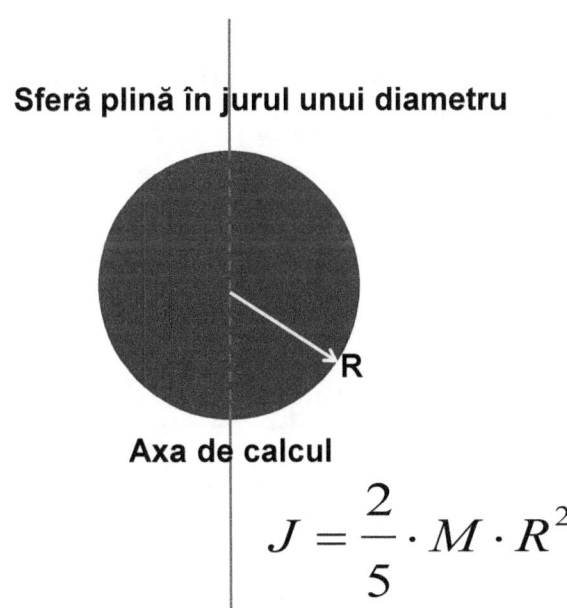

Sferă plină în jurul unui diametru

Axa de calcul

$$J = \frac{2}{5}\cdot M \cdot R^2$$

Fig. 12. *Momentul de inerţie masic la o sferă plină, determinat în jurul unui diametru*

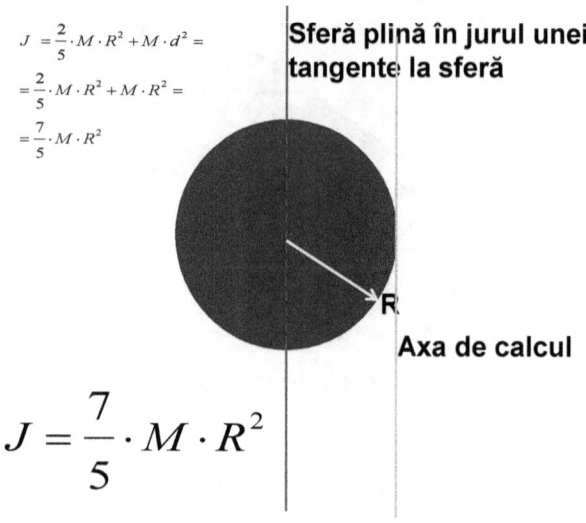

$$J = \frac{2}{5} \cdot M \cdot R^2 + M \cdot d^2 =$$

$$= \frac{2}{5} \cdot M \cdot R^2 + M \cdot R^2 =$$

$$= \frac{7}{5} \cdot M \cdot R^2$$

Sferă plină în jurul unei tangente la sferă

R

Axa de calcul

$$J = \frac{7}{5} \cdot M \cdot R^2$$

Fig. 13. *Momentul de inerţie masic la o sferă plină, determinat în jurul unei axe tangente la sferă*

1. DETERMINAREA MOMENTULUI DE INERŢIE MASIC AL VOLANTULUI (J_v)

Mersul uniform al unei maşini este caracterizat prin gradul de neuniformitate (neregularitate) δ , definit de relaţia (1):

$$\delta = \frac{\omega_{max} - \omega_{min}}{\omega_{med}} \qquad (1)$$

Viteza unghiulară medie se exprimă prin relaţia (2).

$$\omega_{med} = \frac{\omega_{max} + \omega_{min}}{2} \qquad (2)$$

Din relaţiile (1) şi (2) se pot explicita vitezele unghiulare maximă şi minimă (3).

$$\begin{cases} \omega_{max} = \omega_{med} \cdot \left(1 + \dfrac{\delta}{2}\right) \\[4mm] \omega_{min} = \omega_{med} \cdot \left(1 - \dfrac{\delta}{2}\right) \end{cases} \qquad (3)$$

Relaţiile sistemului (3) se ridică la pătrat şi se obţine sistemul relaţional (4).

$$\begin{cases} \omega_{max}^2 = \omega_m^2 \cdot \left(1 + \dfrac{\delta}{2}\right)^2 = \omega_m^2 \cdot \left(1 + \dfrac{\delta^2}{4} + \delta\right) \\[4mm] \omega_{min}^2 = \omega_m^2 \cdot \left(1 - \dfrac{\delta}{2}\right)^2 = \omega_m^2 \cdot \left(1 + \dfrac{\delta^2}{4} - \delta\right) \end{cases} \qquad (4)$$

Momentul de inerţie masic (al întregului mecanism) redus la manivelă (redus la elementul conducător) J^*, se compune în mod obijnuit dintr-un moment inerţial masic constant J_0, şi unul variabil J, la care se mai poate adăuga eventual şi un moment inerţial masic suplimentar J_v, al unui volant, care are rolul de a micşora gradul de neuniformitate al mecanismului şi implicit al maşinii (vezi relaţia 5). Cu cât creşte J_v cu atât mai mult scade δ.

$$J^* = J_0 + J_v + J \qquad (5)$$

Din conservarea energiei totale pentru întregul mecanism (în general fiind vorba numai de energia cinetică, atâta timp cât nu se iau în considerare şi deformaţiile elastice, considerându-se doar mecanica de bază a solidului rigid), se pot scrie relaţiile (6).

$$\begin{cases} \dfrac{1}{2} \cdot J_m^* \cdot \omega_m^2 = \dfrac{1}{2} \cdot J_{max}^* \cdot \omega_{min}^2 = \dfrac{1}{2} \cdot J_{min}^* \cdot \omega_{max}^2 = \dfrac{1}{2} \cdot J^* \cdot \omega^2 \\[3mm] J_m^* \cdot \omega_m^2 = J_{max}^* \cdot \omega_{min}^2 = J_{min}^* \cdot \omega_{max}^2 = J^* \cdot \omega^2 \end{cases} \qquad (6)$$

Din (6) reţinem pentru moment doar relaţia (7), care se dezvoltă conform expresiei (5) sub forma (8).

$$J_{max}^* \cdot \omega_{min}^2 = J_{min}^* \cdot \omega_{max}^2 \qquad (7)$$

$$\left(J_0 + J_v + J_{max}\right) \cdot \omega_{min}^2 = \left(J_0 + J_v + J_{min}\right) \cdot \omega_{max}^2 \qquad (8)$$

unde J_{max} şi J_{min} reprezintă maximul respectiv minimul lui J din expresia (5).

Se explicitează J_v din (8) şi se obţine expresia (9).

$$J_v = \frac{J_0 \cdot \left(\omega_{min}^2 - \omega_{max}^2\right) + J_{max} \cdot \omega_{min}^2 - J_{min} \cdot \omega_{max}^2}{\left(\omega_{max}^2 - \omega_{min}^2\right)} \qquad (9)$$

Utilizând expresiile (4) relaţia (9) capătă forma (10).

$$J_v = -J_0 + \frac{J_{max} \cdot \left(1 - \dfrac{\delta}{2}\right)^2 - J_{min} \cdot \left(1 + \dfrac{\delta}{2}\right)^2}{\left(1 + \dfrac{\delta}{2}\right)^2 - \left(1 - \dfrac{\delta}{2}\right)^2} \qquad (10)$$

Relaţia (10) se reduce la forma (11) prin prelucrarea numitorului, şi la forma (12) dacă prelucrăm şi numărătorul.

$$J_v = -J_0 + \frac{J_{max} \cdot \left(1 - \dfrac{\delta}{2}\right)^2 - J_{min} \cdot \left(1 + \dfrac{\delta}{2}\right)^2}{2 \cdot \delta} \qquad (11)$$

$$J_v = -J_0 - J_m + \frac{J_{max} - J_{min}}{2} \cdot \left(\frac{1}{\delta} + \frac{\delta}{4}\right) \qquad (12)$$

unde $J_m = \dfrac{J_{max} + J_{min}}{2}$, iar maximul şi minimul se găsesc prin anularea

derivatei lui J (scos din 5) în raport cu variabila φ .

Cunoscând δ maxim admis se calculează cu relaţia (12) momentul de inerţie masic minim necesar al volantului J_v .

2. DETERMINAREA VITEZELOR UNGHIULARE DINAMICE ALE MANIVELEI ÎN FUNCŢIE DE POZIŢIA MANIVELEI

Viteza unghiulară a manivelei (elementului conducător, sau de intrare), variabilă în funcţie de unghiul de poziţie φ , se găseşte pornind de la expresia (13) extrasă din relaţia (6).

$$J_m^* \cdot \omega_m^2 = J^* \cdot \omega^2 \qquad (13)$$

Din relaţia (13) se explicitează ω cu formulele (15), J_m^* determinându-se în prealabil din expresia (14), iar J^* din relaţia (5). Viteza unghiulară medie este dată de turaţia nominală a arborelui conducător (relaţia 16). Se consideră doar regimul de lucru stabil al maşinii (fără fazele tranzitorii). Dacă mecanismul nu are volant atunci în mod evident se va lua $J_v = 0$.

$$J_m^* = J_0 + J_v + J_m = J_0 + J_v + \frac{J_{max} + J_{min}}{2} \qquad (14)$$

$$\begin{cases} \omega^2 = \dfrac{J_m^*}{J^*} \cdot \omega_m^2 \\[4ex] \omega = \sqrt{\dfrac{J_m^*}{J^*}} \cdot \omega_m \end{cases} \qquad (15)$$

$$\omega_m \equiv \omega_{med} \equiv \omega_n = 2 \cdot \pi \cdot v = 2\pi \cdot \frac{n}{60} = \frac{\pi}{30} \cdot n \qquad (16)$$

Observaţie. Vitezele unghiulare diferite ale manivelei pentru o turaţie dată, variază dinamic cu poziţia manivelei (în funcţie de unghiul φ), şi se determină prin diferite metode dinamice, cea mai corectă fiind această ultimă metodă. Deci relaţiile (15) prezentate în cadrul acestui ultim paragraf, ne donează vitezele unghiulare corecte ale manivelei.

11. DINAMICA LA DISTRIBUȚIA CLASICĂ

Se determină pentru început momentul de inerție masic (mecanic) al mecanismului, redus la elementul de rotație, adică la camă (practic se utilizează conservarea energiei cinetice; sistemul 1).

$$
\left\{
\begin{array}{l}
J_{cama} = \dfrac{1}{2} \cdot M_c \cdot R^2 \\[2mm]
R^2 = (R_0 + s)^2 + s'^2 \\[2mm]
J_{cama} = \dfrac{1}{2} \cdot M_c \cdot \left[(R_0 + s)^2 + s'^2\right] \\[2mm]
J^* = \dfrac{1}{2} \cdot M_c \cdot \left[(R_0 + s)^2 + s'^2\right] + m_T \cdot s'^2 \\[2mm]
J^* = \dfrac{1}{2} \cdot M_c \cdot R_0^2 + \dfrac{1}{2} \cdot M_c \cdot s^2 + M_c \cdot R_0 \cdot s + \dfrac{1}{2} \cdot M_c \cdot s'^2 + m_T \cdot s'^2 \\[2mm]
J^* = J_{cons\,tan\,t} + J \\[2mm]
J \equiv J_{var\,iabil} = \dfrac{1}{2} \cdot M_c \cdot s^2 + M_c \cdot R_0 \cdot s + \dfrac{1}{2} \cdot M_c \cdot s'^2 + m_T \cdot s'^2
\end{array}
\right. \tag{1}
$$

Momentul de inerție redus mediu se calculează cu relația (2).

$$
J_m^* = \frac{J_{min}^* + J_{max}^*}{2} = \frac{1}{2} \cdot M_c \cdot R_0^2 + \frac{J_{max}}{2} \tag{2}
$$

Expresia (2) (practic J_{max}) depinde de tipul mecanismului camă-tachet, dar și de legea de mișcare utilizată atât la urcare cât și la coborâre.

Viteza unghiulară este o funcție de poziția camei (φ) dar și de turația ei (3); (a se vedea și capitolul 10).

$$
\omega^2 = \frac{J_m^* \cdot \omega_m^2}{J^*} \tag{3}
$$

Pentru a putea determina ω^2 (cu relația 3) trebuie găsit J*, și mai exact J_{max}.

Și la distribuția clasică, pe care o tratează acest capitol, adică la cama rotativă (de rotație) cu tachet translant (de translație) plat (cu talpă), relația care-l determină pe J_{max} depinde și de legea de mișcare.

Vom porni simularea cu o lege de mișcare clasică, și anume legea *cosinus*oidală. La urcare legea cosinus se exprimă prin relațiile sistemului (4).

$$\left\{ \begin{array}{l} s = \dfrac{h}{2} - \dfrac{h}{2} \cdot \cos\left(\pi \cdot \dfrac{\varphi}{\varphi_u} \right) \\[3mm] s' \equiv v_r = \dfrac{\pi \cdot h}{2 \cdot \varphi_u} \cdot \sin\left(\pi \cdot \dfrac{\varphi}{\varphi_u} \right) \\[3mm] s'' \equiv a_r = \dfrac{\pi^2 \cdot h}{2 \cdot \varphi_u^2} \cdot \cos\left(\pi \cdot \dfrac{\varphi}{\varphi_u} \right) \\[3mm] s''' \equiv \alpha_r = -\dfrac{\pi^3 \cdot h}{2 \cdot \varphi_u^3} \cdot \sin\left(\pi \cdot \dfrac{\varphi}{\varphi_u} \right) \end{array} \right. \qquad (4)$$

Unde φ variază (ia valori) de la 0 la φ_u. J_{max} se produce pentru $\varphi = \varphi_u/2$.

$$J_{max} = M_c \cdot \left[\frac{h^2}{8} + R_0 \cdot \frac{h}{2} + \frac{1}{8} \cdot \frac{\pi^2 \cdot h^2}{\varphi_u^2} \right] + m_T \cdot \frac{\pi^2 \cdot h^2}{4 \cdot \varphi_u^2} \qquad (5)$$

Expresia (3) capătă acum forma (6).

$$\left\{ \begin{array}{l} \omega^2 = \omega_m^2 \cdot \dfrac{A}{B} \\[3mm] A = M_c \cdot R_0^2 + M_c \cdot \dfrac{h^2}{8} + \dfrac{1}{2} \cdot M_c \cdot R_0 \cdot h + \\[3mm] + \dfrac{1}{8} \cdot M_c \cdot \dfrac{\pi^2 \cdot h^2}{\varphi_u^2} + \dfrac{1}{4} \cdot m_T \cdot \dfrac{\pi^2 \cdot h^2}{\varphi_u^2} \\[3mm] B = M_c \cdot R_0^2 + M_c \cdot s^2 + 2 \cdot M_c \cdot R_0 \cdot s + M_c \cdot s'^2 + 2 \cdot m_T \cdot s'^2 \\[3mm] \omega = \omega_m \cdot \sqrt{\dfrac{A}{B}} \end{array} \right. \qquad (6)$$

Unde ω_m reprezintă viteza medie nominală a camei şi se exprimă la mecanismele de distribuţie în funcţie de turaţia arborelui motor (7).

$$\omega_m = 2 \cdot \pi \cdot v_c = 2 \cdot \pi \cdot \frac{n_c}{60} = \frac{2 \cdot \pi}{60} \cdot \frac{n_{motor}}{2} = \frac{\pi \cdot n}{60} \qquad (7)$$

Derivând formula (6), în funcţie de timp, se obţine expresia acceleraţiei unghiulare (8).

$$\varepsilon = -\omega^2 \cdot \frac{\left(M_c \cdot s + M_c \cdot R_0 + M_c \cdot s'' + 2 \cdot m_T \cdot s'' \right) \cdot s'}{B} \qquad (8)$$

Pentru un mecanism clasic cu camă şi tachet (fără supapă) deplasarea dinamică a tachetului se exprimă cu relaţia (9) care a fost prezentată şi dedusă în cadrul capitolului 9 (relaţia 134), iar acum se va particulariza prin anularea masei supapei, ajungând la forma de mai jos (9).

$$x = s - \frac{(K + k) \cdot m_T \cdot \omega^2 \cdot s'^2 + (k^2 + 2k \cdot K) \cdot s^2 + 2k \cdot x_0 \cdot (K + k) \cdot s}{2 \cdot (K + k)^2 \cdot \left(s + \dfrac{k \cdot x_0}{K + k} \right)} \qquad (9)$$

Unde x reprezintă deplasarea dinamică a tachetului, în vreme ce s este deplasarea sa normală (cinematică). K este constanta elastică a sistemului, iar k reprezintă constanta elastică a resortului care ţine tachetul. S-a notat cu x_0 pretensionarea (prestrângerea) resortului tachetului, cu m_T masa tachetului, cu ω viteza unghiulară a camei (sau a arborelui cu came), s' fiind prima derivată în funcţie de φ a deplasării tachetului s. Derivând de două ori, succesiv, expresia (9) în raport cu unghiul φ, se obţin viteza redusă (relaţia 10) şi respectiv acceleraţia redusă a tachetului (11).

$$\begin{cases} N = (K + k) \cdot m_T \cdot \omega^2 \cdot s'^2 + (k^2 + 2k \cdot K) \cdot s^2 + 2k \cdot x_0 \cdot (K + k) \cdot s \\[2mm] M = \left[(K + k) m_T \omega^2 \cdot 2s's'' + \left(k^2 + 2kK \right) \cdot 2ss' + 2kx_0 (K + k) \cdot s' \right] \cdot \\[2mm] \quad \cdot \left(s + \dfrac{kx_0}{K + k} \right) - N \cdot s' \\[4mm] x' = s' - \dfrac{M}{2 \cdot (K + k)^2 \cdot \left(s + \dfrac{kx_0}{K + k} \right)^2} \end{cases} \qquad (10)$$

$$\begin{cases} N = (K+k)\cdot m_T \cdot \omega^2 \cdot s'^2 + (k^2+2k\cdot K)\cdot s^2 + 2k\cdot x_0\cdot(K+k)\cdot s \\[2em] M = \left[(K+k)m_T\,\omega^2\cdot 2s's'' + \left(k^2+2kK\right)\cdot 2ss' + 2kx_0\left(K+k\right)\cdot s'\right]\cdot \\ \quad \cdot\left(s+\dfrac{kx_0}{K+k}\right) - N\cdot s' \\[2em] O = (K+k)\cdot m_T\cdot \omega^2\cdot 2\cdot\left(s''^2+s'\cdot s'''\right) + \\ \quad + \left(k^2+2\cdot k\cdot K\right)\cdot 2\cdot\left(s'^2+s\cdot s''\right) + 2\cdot k\cdot x_0\cdot(K+k)\cdot s'' \\[2em] x'' = s'' - \dfrac{\left[O\cdot\left(s+\dfrac{kx_0}{K+k}\right) - N\cdot s''\right]\cdot\left(s+\dfrac{kx_0}{K+k}\right) - M\cdot 2\cdot s'}{2\cdot\left(K+k\right)^2\cdot\left(s+\dfrac{kx_0}{K+k}\right)^3} \end{cases} \tag{11}$$

În continuare se poate determina direct accelerația reală (dinamică) a tachetului utilizând relația (12).

$$\ddot{x} = x''\cdot\omega^2 + x'\cdot\varepsilon \tag{12}$$

12. SINTEZA DINAMICA LA CAMA ROTATIVĂ CU TACHET TRANSLANT CU ROLĂ

Cama rotativă cu tachet de translație cu rolă sau bilă, se sintetizează dinamic urmărind relațiile viitoare și figura de mai jos.

Se determină pentru început momentul de inerție masic (mecanic) al mecanismului, redus la elementul de rotație, adică la camă (practic se utilizează conservarea energiei cinetice; sistemul 1).

S-a considerat pentru legea de mișcare a tachetului varianta clasică deja utilizată a legii cosinusoidale (atât pentru urcare cât și pentru coborâre).

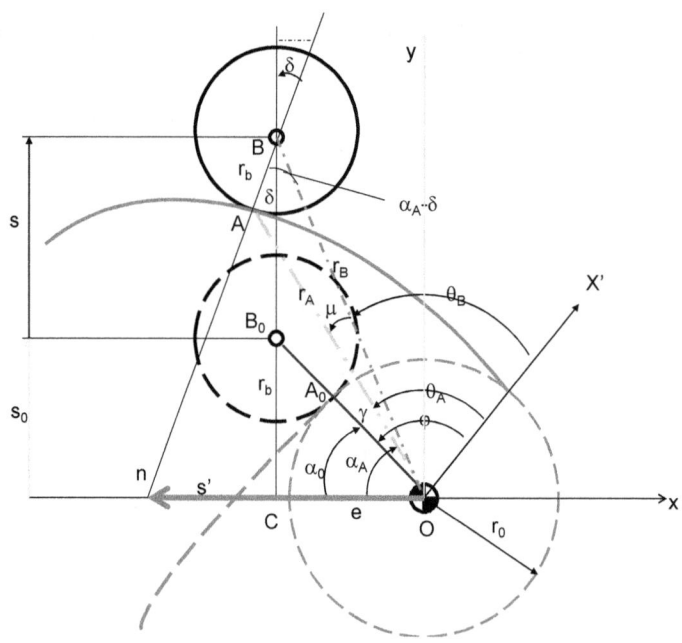

$$\left\{ \begin{array}{l}
J_{cama} = \frac{1}{2} \cdot M_c \cdot R^2 \\[4pt]
R^2 \equiv r_A^2 = x_A^2 + y_A^2 = e^2 + r_b^2 \cdot \sin^2 \delta + 2 \cdot e \cdot r_b \cdot \sin \delta + \\[4pt]
+ (s_0 + s)^2 + r_b^2 \cdot \cos^2 \delta - 2 \cdot r_b \cdot (s_0 + s) \cdot \cos \delta \\[4pt]
r_A^2 = e^2 + r_b^2 + (s_0 + s)^2 + 2 \cdot r_b \cdot [e \cdot \sin \delta - (s_0 + s) \cdot \cos \delta] \\[6pt]
r_A^2 = e^2 + r_b^2 + (s_0 + s)^2 + 2 \cdot r_b \cdot e \cdot \dfrac{s' - e}{\sqrt{(s_0 + s)^2 + (s' - e)^2}} - \\[10pt]
- 2 \cdot r_b \cdot (s_0 + s) \cdot \dfrac{(s_0 + s)}{\sqrt{(s_0 + s)^2 + (s' - e)^2}} \\[10pt]
r_A^2 = e^2 + r_b^2 + (s_0 + s)^2 - \dfrac{2 \cdot r_b \cdot (s_0 + s)^2}{\sqrt{(s_0 + s)^2 + (s' - e)^2}} + \\[10pt]
+ \dfrac{2 \cdot r_b \cdot e \cdot (s' - e)}{\sqrt{(s_0 + s)^2 + (s' - e)^2}} \\[10pt]
J_m^* = \frac{1}{2} \cdot M_c \cdot (r_0^2 + r_b^2 + r_0 \cdot r_b) + \frac{1}{4} \cdot M_c \cdot s_0 \cdot h + \frac{1}{16} \cdot M_c \cdot h^2 + \\[10pt]
+ \frac{1}{2} \cdot M_c \cdot r_b \cdot \dfrac{e \cdot \frac{\pi \cdot h}{2 \cdot \varphi_0} - e^2 - \left(s_0 + \frac{h}{2}\right)^2}{\sqrt{\left(s_0 + \frac{h}{2}\right)^2 + \left(\frac{\pi \cdot h}{2 \cdot \varphi_0} - e\right)^2}} + \dfrac{m_T \cdot \pi^2 \cdot h^2}{8 \cdot \varphi_0^2} \\[14pt]
J^* = \frac{1}{2} \cdot M_c \cdot (2 \cdot r_b^2 + r_0^2 + 2 \cdot r_0 \cdot r_b) + M_c \cdot s_0 \cdot s + \frac{1}{2} \cdot M_c \cdot s^2 + \\[10pt]
+ M_c \cdot r_b \cdot \dfrac{e \cdot s' - e^2 - (s_0 + s)^2}{\sqrt{(s_0 + s)^2 + (s' - e)^2}} + m_T \cdot s'^2
\end{array} \right. \qquad (1)$$

Viteza unghiulară este o funcție de poziția camei (φ) dar și de turația ei (2); (a se vedea și capitolul 10). Unde ω_m reprezintă viteza medie nominală a camei și se exprimă la mecanismele de distribuție în funcție de turația arborelui motor (3).

$$\omega^2 = \frac{J_m^*}{J^*} \cdot \omega_m^2 \ (2) \qquad \omega_m = 2 \cdot \pi \cdot v_c = 2 \cdot \pi \cdot \frac{n_c}{60} = \frac{2 \cdot \pi}{60} \cdot \frac{n_{motor}}{2} = \frac{\pi \cdot n}{60} \ (3)$$

Vom porni simularea cu o lege de mișcare clasică, și anume legea *cosinus*oidală. La urcare legea cosinus se exprimă prin relațiile sistemului (4).

$$\begin{cases} s = \dfrac{h}{2} - \dfrac{h}{2} \cdot \cos\left(\pi \cdot \dfrac{\varphi}{\varphi_u} \right) \\[3mm] s' \equiv v_r = \dfrac{\pi \cdot h}{2 \cdot \varphi_u} \cdot \sin\left(\pi \cdot \dfrac{\varphi}{\varphi_u} \right) \\[3mm] s'' \equiv a_r = \dfrac{\pi^2 \cdot h}{2 \cdot \varphi_u^2} \cdot \cos\left(\pi \cdot \dfrac{\varphi}{\varphi_u} \right) \\[3mm] s''' \equiv \alpha_r = -\dfrac{\pi^3 \cdot h}{2 \cdot \varphi_u^3} \cdot \sin\left(\pi \cdot \dfrac{\varphi}{\varphi_u} \right) \end{cases} \tag{4}$$

Unde φ variază (ia valori) de la 0 la φ_u. J_{max} se produce pentru $\varphi = \varphi_u/2$.

Cu relaţia (5) se exprimă prima derivată a momentului de inerţie mecanic redus. Acesta este necesar determinării acceleraţiei unghiulare (6).

$$\begin{aligned} J^{*'} &= M_c \cdot s_0 \cdot s' + M_c \cdot s \cdot s' + 2 \cdot m_T \cdot s' \cdot s'' + \\[2mm] &+ M_c \cdot r_b \cdot \frac{\left[e \cdot s'' - 2 \cdot (s_0 + s) \cdot s'\right] \cdot \left[(s_0 + s)^2 + (s' - e)^2\right]}{\left[(s_0 + s)^2 + (s' - e)^2\right]^{3/2}} - \\[2mm] &- M_c \cdot r_b \cdot \frac{\left[e \cdot s' - e^2 - (s_0 + s)^2\right] \cdot \left[(s_0 + s) \cdot s' + (s' - e) \cdot s''\right]}{\left[(s_0 + s)^2 + (s' - e)^2\right]^{3/2}} \end{aligned} \tag{5}$$

Derivând formula (2), în funcţie de timp, se obţine expresia acceleraţiei unghiulare (6).

$$\varepsilon = -\frac{\omega^2}{2} \cdot \frac{J^{*'}}{J^*} \tag{6}$$

Relaţiile (2) şi (6) utilizate şi la capitolul anterior au un caracter general, şi reprezintă practic două ecuaţii de mişcare originale extrem de importante pentru mecanică şi mecanisme.

Pentru un mecanism cu camă de rotaţie şi tachet (fără supapă) de translaţie cu rolă sau bilă, deplasarea dinamică a tachetului se exprimă cu relaţia (7) care a fost prezentată şi dedusă în cadrul capitolului 9 (relaţia 134), iar acum se va particulariza prin anularea masei supapei, ajungând la forma de mai jos (7).

$$x = s - \frac{(K + k) \cdot m_T \cdot \omega^2 \cdot s'^2 + (k^2 + 2k \cdot K) \cdot s^2 + 2k \cdot x_0 \cdot (K + k) \cdot s}{2 \cdot (K + k)^2 \cdot \left(s + \dfrac{k \cdot x_0}{K + k} \right)} \tag{7}$$

Unde x reprezintă deplasarea dinamică a tachetului, în vreme ce s este deplasarea sa normală (cinematică). K este constanta elastică a sistemului, iar k

124

reprezintă constanta elastică a resortului care ține tachetul. S-a notat cu x_0 pretensionarea (prestrângerea) resortului tachetului, cu m_T masa tachetului, cu ω viteza unghiulară a camei (sau a arborelui cu came), s' fiind prima derivată în funcție de φ a deplasării tachetului s. Derivând de două ori, succesiv, expresia (7) în raport cu unghiul φ, se obțin viteza redusă (relația 8) și respectiv accelerația redusă a tachetului (9).

$$\left\{ \begin{aligned} & N = (K+k)\cdot m_T \cdot \omega^2 \cdot s'^2 + (k^2 + 2k\cdot K)\cdot s^2 + 2k\cdot x_0 \cdot (K+k)\cdot s \\ & M = \left[(K+k)m_T\omega^2 \cdot 2s's'' + \left(k^2 + 2kK\right)\cdot 2ss' + 2kx_0\left(K+k\right)\cdot s'\right]\cdot \\ & \quad \cdot \left(s + \frac{kx_0}{K+k}\right) - N\cdot s' \\ & x' = s' - \frac{M}{2\cdot \left(K+k\right)^2 \cdot \left(s + \dfrac{kx_0}{K+k}\right)^2} \end{aligned} \right. \tag{8}$$

$$\left\{ \begin{aligned} & N = (K+k)\cdot m_T \cdot \omega^2 \cdot s'^2 + (k^2 + 2k\cdot K)\cdot s^2 + 2k\cdot x_0 \cdot (K+k)\cdot s \\ & M = \left[(K+k)m_T\omega^2 \cdot 2s's'' + \left(k^2 + 2kK\right)\cdot 2ss' + 2kx_0\left(K+k\right)\cdot s'\right]\cdot \\ & \quad \cdot \left(s + \frac{kx_0}{K+k}\right) - N\cdot s' \\ & O = (K+k)\cdot m_T \cdot \omega^2 \cdot 2\cdot \left(s''^2 + s'\cdot s'''\right) + \\ & \quad + \left(k^2 + 2\cdot k\cdot K\right)\cdot 2\cdot \left(s'^2 + s\cdot s''\right) + 2\cdot k\cdot x_0 \cdot (K+k)\cdot s'' \\ & x'' = s'' - \frac{\left[O\cdot \left(s + \dfrac{kx_0}{K+k}\right) - N\cdot s''\right]\cdot \left(s + \dfrac{kx_0}{K+k}\right) - M\cdot 2\cdot s'}{2\cdot \left(K+k\right)^2 \cdot \left(s + \dfrac{kx_0}{K+k}\right)^3} \end{aligned} \right. \tag{9}$$

În continuare se poate determina direct accelerația reală (dinamică) a tachetului utilizând relația (10).

$$\ddot{x} = x''\cdot \omega^2 + x'\cdot \varepsilon \tag{10}$$

Bibliografie

1.-A1. ANTONESCU P., *Mecanisme - Calculul structural si cinematic*. I.P.B., Bucuresti, 1979.

2.-A2. ANTONESCU P., *Cinetostatica si dinamica mecanismelor*. I.P.B.,Bucuresti, 1980.

3.-A3. ANTONESCU P., *Sinteza mecanismelor*. I.P.B.,Bucuresti, 1983.

4.-A4. ANTONESCU P., COMANESCU A.,GRECU B., *Indrumar de proiect la mecanisme. Partea a I-a*, I.P.B., Bucuresti, 1987.

5.-A5. ALEXANDRU P., DUTA FL.,JULA A., *Mecanismele directiei autovehiculelor*. Editura tehnică, Bucuresti, 1977.

6.-A6. ARTOBOLEVSKI I., *Teoria mehanizov*, Izd. Nauka, Moskva, 1965.

7.-A7. ANTONESCU P., DRANGA M., TEMPEA I., *Asigurarea preciziei cinematice a preselor de vulcanizat camere de aer*. In revista Constructia de masini, nr.8., Bucuresti, 1978.

8.-A8. ATANASIU M., *Mecanica*. Ed. Did. Ped., Bucuresti, 1973.

9.-A9. ATTILA H., DRAGULESCU D., *Probleme de mecanică - dinamică*. Editura Helicon, Timisoara, 1993.

10.-A10. ANTONESCU P., *Sinteza mecanismului cu camă rotativă si tachet translant*. In al V-lea Simpozion national de mecanisme si transmisii mecanice, Cluj-Napoca, 20-22 octombrie 1988.

11.-A11. ANTONESCU P., PETRESCU FL., *Metodă analitică de sinteză a mecanismului cu camă si tachet plat*. In al IV-lea Simpozion international de teoria si practica mecanismelor, Vol. III-1., Bucuresti, iulie 1985.

12.-A12. ANTONESCU P., OPREAN M., PETRESCU FL., *Contributii la sinteza mecanismului cu camă oscilantă si tachet plat oscilant*. In al IV-lea Simpozion international de teoria si practica mecanismelor, Vol. III-1., Bucuresti, iulie 1985.

13.-A13. ANTONESCU P., OPREAN M., PETRESCU FL., *La projection de la came oscillante chez les mechanismes a distribution variable*. In a V-a Conferintă de motoare, automobile, tractoare si masini agricole, Vol. I-motoare si automobile, Brasov, noiembrie 1985.

14.-A14. ANTONESCU P., OPREAN M., PETRESCU FL., *Proiectarea profilului Kurz al camei rotative ce actionează tachetul plat oscilant cu dezaxare*. In al III-lea Siopozion national de proiectare asistată de calculator în domeniul mecanismelor si organelor de masini-PRASIC'86, Brasov, decembrie 1986.

15.-A15. ANTONESCU P., OPREAN M., PETRESCU FL., *Analiza dinamică a mecanismelor de distributie cu came*. In al VII-lea Simpozion national de roboti industriali si mecanisme spatiale, Vol. 3., Bucuresti, octombrie 1987.

16.-A16. ANTONESCU P., OPREAN M., PETRESCU FL., *Sinteza analitică a profilului Kurz, la cama cu tachet plat rotativ*. In revista Constructia de masini, nr. 2., Bucuresti, 1988.

17.-A17. ANTONESCU P., PETRESCU FL., *Contributii la analiza cinetoelastodinamică a mecanismelor de distributie*. In SYROM'89, Bucuresti, iulie 1989.

18.-A18. ANTONESCU P., PETRESCU FL., ANTONESCU O., *Contributii la sinteza mecanismului cu camă rotativă si tachet balansier cu vârf*. In PRASIC'94, Brasov, decembrie 1994.

19.-A19. AUTORENKOLLEKTIV (J. VOLMER COORDONATOR), *Getriebetechnik-VEB*, Verlag technik, pp. 345-390, Berlin, 1968.

20.-A20. ANGELAS J., LOPEZ-CAJUN C., *Optimal synthesis of cam mechanisms with oscillating flat-face followers*. Mechanism and Machine Theory 23,(1988), Nr. 1., pp. 1-6., 1988.

21.-A21. ARAMA C., SERBANESCU A., *Economia de combustibil la automobile.* Editura tehnică, Bucuresti, 1974.

22.-A22. ALLAIS D.C., *Cycloidal vs modified trapezoid cams.* Machine Design 35(3), 31 Jan. 1963, pp. 92-96.

23.-A23. ANDERSON D.G., *Cam dynamics.* Prod. Engineering, 24(10), 1953, pp. 170-176.

24.-A24. ASTROP A.W., *Automatic high-speed inspection of variable pitch cams for zoom lenses.* Machinery (London), 1967, 110(2849), pp. 1360-1364.

25.-A25. AOYAGI Y., s.a., Hino Motors, Ltd. Japan, *Swirl Formation Process in Four Valve Diesel Engines.* (945011), In XXV FISITA Congres, 17-21 October 1994, Beijing, pp. 99-105.

26.-A26. ANTONESCU P., sa., *Contributions to the synthesis of the oscillating cam profile in the variable distribution mechanisms,* Eighth World Congress on TMM, Praga, vol. 5, 1991.

27.-A27. ANTONESCU P., PETRESCU FL., ANTONESCU D., *Geometrical synthesis of the rotary cam and balance tappet mechanism.* SYROM'97, Vol. 3, pp. 23, Bucuresti, august 1997.

28.-A28. ANTONESCU P., *Mecanisme şi Manipulatoare, aplicaţii-teme de proiect,* Printech, Buc., 2000.

29.-A29. ANTONESCU, P., PETRESCU, F., ANTONESCU, O. *Contributions to the Synthesis of The Rotary Disc-Cam Profile,* In VIII-th International Conference on the Theory of Machines and Mechanisms, Liberec, Czech Republic, pp. 51-56, 2000.

30.-A30. ANTONESCU, P., PETRESCU, F., ANTONESCU, O., *Synthesis of the Rotary Cam Profile with Balance Follower,* In the 8-th Symposium on Mechanisms and Mechanical Transmissions, Timişoara, Vol. 1, pp. 39-44, 2000.

31.-A31. ANTONESCU, P., PETRESCU, F., ANTONESCU, O. *Contributions to the synthesis of mechanisms with rotary disc-cam.* In The Eigth IFToMM International Symposium on Theory of Machines and Mechanisms, SYROM'2001, Bucharest, ROMANIA, 2001, Vol. III, p. 31-36.

32.-A32. ANTONESCU P., OCNARESCU C., ANTONESCU O., *Mecanisme şi Manipulatoare-îndrumar de laborator,* Ed. Printech, Bucuresti, 2002.

33.-A33. ANTONESCU P., *Sinteza unitară geometro-cinematică a profilului camei-disc rotative,* Rev. Mecanisme şi Manipulatoare, I, 2, 2002.

34.-A34. ANTONESCU P., sa., *Geometric and Kinematic Synthesis of Mechanisms with Rotary Disc-Cam,* Proceedings of the 11th World Congress in Mechanism and Machine Science, Tianjin, 2003.

35.-A35. ANTONESCU P., *Mecanisme,* Printech, Bucuresti, 2003.

36.-A36. ANTONESCU P., *Mechanism and Machine Science,* Printech Press, Bucharest, Romania, 2005.

37.-A37. ANTONESCU P., ANTONESCU O., *Aplicaţii de mecanică tehnică, mecanisme şi manipulatoare,* Printech, 2007.

38.-B1. BUZDUGAN GH., *Teoria vibratiilor si aplicatiile ei în constructia de masini.* Editura tehnică, Bucuresti, 1958.

39.-B2. BUZDUGAN GH., *Rezistenta materialelor.* Editura didactică si pedagogică, Bucuresti, 1964.

40.-B3. BOGDAN R., LARIONESCU D., CONONOVICI S., *Sinteza mecanismelor plane articulate.* Editura Academiei R.S.R., Bucuresti, 1977.

41.-B4. BOGDAN R., LARIONESCU D., *Analiza armonică complexă si mecano-electrică a mecanismelor plane.* Editura Academiei R.S.R., Bucuresti, 1968.

42.-B5. BALAN ST., *Probleme de mecanică.* Editura didactică si pedagogică, Bucuresti, 1977.

43.-B6. BUZDUGAN GH., FETCU L., RADES M., *Vibratii mecanice*. Editura didactică si pedagogică, Bucuresti, 1979.

44.-B7. BUZDUGAN GH., MIHAILESCU E., RADES M., *Măsurarea vibratiilor*. Editura Academiei R.S.R., Bucuresti, 1979.

45.-B8. BOBANCU S., *Consideratii cinetoelastice asupra variabilei "excentricitate" a mecanismelor plane cu camă având tachet oscilant plat*. In al IV-lea Simpozion international de teoria si practica mecanismelor, Vol. III-1., Bucuresti, iulie 1985.

46.-B9. BARSAN A., *Algoritm de sinteză asistată de calculator, a mecanismelor plane cu camă de rotatie si tachet plat*. In al VII-lea Simpozion national de roboti industriali si mecanisme spatiale. Vol. 3., Bucuresti, octombrie 1987.

47.-B10. BARSAN A., *Algoritm de sinteză asistată de calculator a mecanismelor cu camă cilindrică*. In al VII-lea Simpozion national de roboti industriali si mecanisme spatiale. Vol. 3., Bucuresti, octombrie 1987.

48.-B11. BOGDAN R., S.A., *Algoritm si program pentru analiza cinematică si dinamică a mecanismelor diferentiale complexe*. In al VII-lea Simpozion national de roboti industriali si mecanisme spatiale. Vol. 3., Bucuresti, octombrie 1987.

49.-B12. BUGAEVSKI E., *Contributii la studiul cinematic si dinamic al mecanismelor cu trenuri diferentiale*. Teză de doctorat, I.P.B., 1971.

50.-B13. BOIANGIU D., s.a., *Elemente elastice ale masinilor*. Editura tehnică, Bucuresti, 1967.

51.-B14. BUZDUGAN GH., *Izolarea antivibratorie a masinilor*. Editura Academiei R.S.R., Bucuresti, 1980.

52.-B15. BLOOM D., and RADCLIFFE C.W., *The effect of camshaft elasticity on the response of cam driven systems*, ASME paper 64-mech 41.

53.-B16. BARTON P., REESJONES J., *The dynamic effects of functional clearance and motor characteristics on the performance of a Geneva mechanism*. IFTOMM International Symp. on Linkages and Computer Design Methods, Bucharest, 1973.

54.-B17. BARABYI J.S., *Cams, dynamics and design*. Design News, 1969, 24, pp. 108.

55.-B18. BARKAN P., *Calculation of high-speed valve motion with flexible overhead linkage*. Trans. SAE, 1953, 61,pp. 687-700.

56.-B19. BEARD C.A., *Problems în valve gear design and instrumentation*. SAE Technical Progress Series, 1963, pp. 58-84.

57.-B20. BEARD C.A., *Cam mechanism design problems-an engine designer's view point*. In, Cams and cam mechanisms, Edited by J. REES JONES, MEP, London and Birmingham, Alabama, 1974, pp.49-53.

58.-B21. BARKAN P., s.a., *A spring-actuated, cam follower system; Design theory and experimental result*. Journal Engineering, Trans. ASME, 1965,(87 B), pp. 279-286.

59.-B22. BAUMGARTEN J.R., *Preload force necessary to prevent separation of follower from cam*. Trans. 7 th. Conf. on Mech., Purdue University, 1962.

60.-B23. BENEDICT C.A., s.a., *Dynamic responses of a mechanical system containing a coulomb friction force*. The 3 rd. Appl. Mech. Conf. Paper, Nr. 44., Oklahoma State University, 1973.

61.-B24. BAXTER M.L., *Qurvature-acceleration relation for plane cams*. Trans. ASME 70,1948, pp.483-489.

62.-B25. BISHOP J.L.H., *An analytical approach to automobile valve gear design*. Inst. of Mech. Engrs. Auto-Division Proc. 4, 1950-51, pp. 150-160.

63.-B26. BUHAYAR E.S., *Computerized cam design and plate cam manufacture*. Paper Nr. 66-MECH-2, ASME Mechanisms Conference, Lafayette, Ind., Oct. 1966.

64.-B27. BARBULESCU N., *Bazele fizice ale relativitătii Einsteiniene*. In E.S.E., Bucuresti, 1979.

65.-B28. BACKLUND O., s.a., *Volvo's MEP and PCP Engines: Combining Environmental Benefit with High Performance*. In Fifth Autotechnologies Conference Proceedings, SAE, (910010), pp. 238.

66.-C1. CHIRIACESCU S., *Proiectarea automată a camelor folosite la masina de ascutit pânze de fierăstrău*. In al IV-lea Simpozion international de teoria si practica mecanismelor, Vol. III-1., Bucuresti, iulie 1985.

67.-C2. CIONCA O., *Studiul mecanismelor camă-tachet ca sisteme oscilante autoexcitante*. In al IV-lea SYROM'85, Vol. III-1., Bucuresti, iulie 1985.

68.-C3. COMANESCU D., COMANESCU A.,S.A., *Sinteza profilelor zonelor de contact ale elementelor cinematice din mecanismele perforatoarelor de bandă*. In al IV-lea SYROM'85, Vol. III-1., Bucuresti, iulie 1985.

69.-C4. COMANESCU A., COMANESCU D., *Aplicarea sistemelor modulare de calcul cinetodinamic la instruirea si comanda mecanismelor multimobile*. In al VII-lea Simpozion national de roboti industriali si mecanisme spatiale, Vol. 3., Bucuresti, octombrie 1987.

70.-C5. CONSTANTINESCU G., *Teoria sonicitătii*. Ed. Academiei R.S.R., Bucuresti, 1985.

71.-C6. CRUDU M., *Contributii la studiul mecanismelor cu conexiuni dinamice*. Teză de doctorat, I.P.B., 1971.

72.-C7. CECCARELLI M., GARCIA-LOMAS J., *On the dynamics of two-link manipulators*. Al VI-lea SYROM, Vol. II.,Bucuresti, iunie 1993.

73.-C8. CHEN F.Y., *Kinematic synthesis of cam profiles for prescribed acceleration by a finite integration method*. Trans. ASME, J. Engng., 1973, Ind. 95B, pp. 519-524.

74.-C9. CHURCHILL F.T. and HANSEN R.S., *Theory of envelopes provide new cam-design equations*. J. Engng., 1962, 35, pp. 45-55.

75.-C10. CROSSLEY F.R.E., *How to modify positioning cams*. Machine Design, 1960, pp. 121-126.

76.-C11. CRUTCHER D.E.G., *The dynamics of valve mechanisms*. Prod. Instr. mech. Engr., 1967-68, 1, 182, Part 3L, 129.

77.-C12. CHENEY R.E., *Production of very accurate high-speed master cams*. Machinery (London), 1962, 100(2570), pp. 380-386.

78.-C13. CLAYTON J.C., *Cast Iron Camshafts in Car Production*. Design and Components in Engineering. April 1971, 16.

79.-C14. ***, *Combustion effects of asymmetric valve strategies*. In Automotive Engineering, Decembrie 1993, pp. 49-53.

80.-C15. CHOI J.K., KIM S.C., Hyundai Motor Co. Korea, *An Experimental Study on the Frictional Characteristics in the Valve Train System*. (945046), In FISITA CONGRESS, 17-21 October 1994, Beijing, pp. 374-380.

81.-C16. ***, Chrysler's *Vlo light-truck engine*. In revista Automotive Engineering, Decembrie 1993, pp. 55-57.

82.-C17. COMĂNESCU Adr., COMĂNESCU D., GEORGESCU L., *Bazele analizei şi sintezei mecanismelor cu memorie rigidă*, Edit. Politehnica Press, Bucureşti, 175 pag., 2008.

83.-D1. DRANGA M., *Contributii la analiza dinamică a mecanismelor cu unul si cu mai multe grade de mobilitate*. Teză de doctorat. I.P.B., Bucuresti, 1975.

84.-D2.   DUDITA FL., *Teoria mecanismelor*. Universitatea Brasov, 1979.

85.-D3. DEMIAN T., s.a., *Mecanisme de mecanică fină*. Editura Didactică si Pedagogică, Bucuresti, 1982.

86.-D4. DRANGA M., *Mecanisme si organe de masini, partea I. Transmisii mecanice*. I.P.B., Bucuresti, 1983.

87.-D5. DARABONT AL., s.a., *Socuri si vibratii- Aplicatii în tehnică*. Editura tehnică, Bucuresti, 1988.

88.-D6. DARABONT AL., VAITEANU D., *Combaterea poluării sonore si a vibratiilor*. Editura tehnică, Bucuresti, 1975.

89.-D7. DECIU E.,s.a., *Probleme de vibratii mecanice*. I.P.B.,Bucuresti, 1978.

90.-D8. DODESCU GH., *Metode numerice în algebră*. Editura tehnică, Bucuresti, 1979.

91.-D9. DRANGA M., *Asupra echilibrării unei structuri de robot 6R*. In al VI-lea SYROM'93, Vol. II., Bucuresti, iunie 1993.

92.-D10. DRANGA M., *Metodă de echilibrare a unui lant cinematic plan articulat*. In al IV-lea SYROM'85. Vol. III-1., Bucuresti, iulie 1985.

93.-D11. DUCA C., *Sinteza mecanismelor cu came în functie de raza de curbură a profilului*. In al IV-lea SYROM'85, Vol. III-1., Bucuresti, iulie 1985.

94.-D12. DRAGHICI I., s.a., *Suspensii si amortizoare*. E.T. , Bucuresti, 1970.

95.-D13. DUDLEY W.M., *New Methods in Valve Cam Design*. Trans. SAE, January 1948, 2, pp. 19-33.

96.-D14. DRUCE G., *Research in cam mechanisms*. I. Mech. E. Discussion on Mechanisms, 1971, 4-13.

97.-E1. ERMAN A.G., SANDOR G.N., *Kineto-elastodynamic- a review of the state of the art and rends*. Mechanism and Machine Theory nr.1., 1972.

98.-E2. EISS N.S., *Vibration of cams having tow degrees-of-fredom*. Trans. ASME, J. Engng., Ind. 86B, 1964, pp. 343-350.

99.-E3. ERISMAN R.J., *Automotive cam profile synthesis and valve gear dynamic from domensionless analysis*. Trans. SAE, 75, 1967, pp. 128-147.

100.-F1. FAWCETT G.F., FAWCETT J.N., *Comparison of polydyne and non polydyne cams*. In, Cams and cam mechanisms, Edited by J. REES JONED, MEP, London and Birmingham, Alabama, 1974.

101.-F2. FRATILA G., PETRESCU FL., s.a., *Cercetări privind transmisibilitatea vibratiilor motorului la cadrul si caroseria automobilului*. In, CONAT, Brasov, 1982.

102.-F3. FRATILA G., PETRESCU FL., s.a., *Contributii privind ameliorarea suspensiei grupului motopropulsor*. Buletinul Universitătii Brasov, 1986.

103.-F4. FENTON R.G., *Determining minimum cam size*. In Machine Design, 1966, 38(2), pp. 155-158.

104.-F5. FENTON R.G., *Cam design-determining of the minimum base radius for disc cams with reciprocating flat faced followers*. In Automobile Enginer, 3, 1967, pp. 184-187.

105.-G1. GRECU B., CANDREA A., COLTOFEANU N., *Determinarea reactiunilor dinamice în cuplele cinematice la mecanismele plane cu ajutorul modulelor de calcul*. In al VII-lea Simpozion national de roboti industriali si mecanisme spatiale. Vol. 3., Bucuresti, octombrie 1987.

106.-G2. GHITA E., *Proiectarea camelor bilaterale poliracordate*. In PRASIC'94, Brasov, decembrie 1994.

107.-G3. GRUNWALD B., *Teoria,calculul si constructia motoarelor pentru autovehicule rutiere.* Editura didactică si pedagogică, Bucuresti, 1980.

108.-G4. GIORDANA F., s.a., *On the influence of measurement errors in the Kinematic analysis of cam.* Mechanism and Machine Theory 14 (1979), nr. 5., pp, 327-340, 1979.

109.-G5. GRADU M., *Stadiul actual al cercetărilor în domeniul mecanismelor de distributie ale motoarelor cu ardere internă.* Referat I pentru doctorat, I.P.B., Bucuresti, 1991.

110.-G6. GRUMAZESCU M., s.a., *Combaterea zgomotului si vibratiilor.* E.T., Bucuresti, 1964.

111.-G7. GAGNE A.F., *Design high speed cams.* In Machine Design, 25, 1953, pp. 121-135.

112.-G8. GRANT B., s.a., *Cam design survey.* Design Technology Transfer, ASME, 1974, pp. 177-219.

113.-G9. GRODZINSKI P., *Production of cam profiles by positive mechanisms.* Machinery (London), 1959, 88(2269), pp. 683-688.

114.-G10. GOODMAN T.P., *Linkages vs cams.* Machine Design, 1958, 30(17), pp. 102-109.

115.-G11. GRECU B., PETRESCU, F., s.a., *Mecanisme Plane – lucrări pentru laborator si proiect.* Editura BREN, Bucuresti, ISBN 978-973-648-697-5, 191 pag., 2007.

116.-H1. HANDRA-LUCA V., *Organe de masini si mecanisme.* Editura Did. si pedagogică, Bucuresti, 1975.

117.-H2. HANDRA-LUCA V.,STOICA A., *Introducere în teoria mecanismelor.* Vol. II., Editura Dacia, Cluj-Napoca, 1983.

118.-H3. HERRMANN R., DELANGE J., LOURDOUR G., *Evolution du trasee des cames.* Ingenieurs de l'automobile, nr. 11, 1969.

119.-H4. HAIN K., *Optimization of a cam mechanism to give goode transmissibility maximal output angle of swing and minimal acceleration.* Journal of Mechanisms 6 (1971), Nr. 4., pp.419-434.

120.-H5. HARRIS M.C., CREDE E.C., *Socuri si vibratii.* Vol. I-III., E.T., Bucuresti, 1968-69.

121.-H6. HEBELER C.B., *Design equation and graphs for finding the dynamic response of cycloidal-motion cam systems.* Machine Design, Feb. 1961, pp. 102-107.

122.-H7. HRONES J.A., *An analysis of Dynamic Forces in a Cam-Driver System,* Trans. ASME, 1948, 70, PP. 473-482.

123.-H8. HIRSCHHORN J., *Disc-cam curvature.* In Machine Design 31(3), 1959, pp. 125-129.

124.-H9. HALE F.W., *Cam machining without master former.* Tool Engineer, 1955, 35(6), pp. 82-87.

125.-H10. HOSAKA T., and HAMAZAKI M., *Development of the Variable Valve Timing and Lift (VTEC) Engine for the Honda NSX,* (910008), Fifth Auto-technologies Conference Proceedings, SAE,pp. 238.

126.-H11. HOORFAR, M., NAJJARAN, H., CLEGHORN, W.L, *Software demonstration of disc cam mechanisms for mechanical engineering education,* Journal: The International Journal of Mechanical Engineering Education, ISSN: 0306-4190, Volume 35 Issue 2, April 2007, pp. 166-180.

127.-I1. IACOB C., *Mecanica teoretică.* E.D.P., Bucuresti, 1971.

128.-I2. IUDIN E., s.a., *Issledovanie suma ventileatornîh ustanovok I metodov borbî s nim.* Oborongiz, Moskva, 1958.

129.-J1. JIANG QI , XU ZENG-YIN, *Compounding of mechanism and analysis and synthesis of complex mechanisms.* In al IV-lea SYROM'85, Vol. III-1., Bucuresti, iulie 1985.

130.-J2. JONES J.R., REEVE J.E., *Dynamic response of cam curves based on sinusoidal segments*. In Cams and cam mechanisms, Edited by J. REES JONES, MEP, London and Birmingham, Alabama, 1974.

131.-J3. JACOBSEN and AYRE R., *Engineering Vibration*. Mc Graw- Hill Book Co. Inc., 1958.

132.-J4. JENSEN P.W., *Cam Design and Manufacture*. Industrial Press., New York, 1965.

133.-J5. JOHNSON R.C., *A rapid method for developing cam profiles having desired acceleration characteristics*. In Machine Design 27(12), 1965, pp. 129-132.

134.-J6. JELLING W., *Precision machines assure cam accuracy*. In Iron Age, 1954, 173(15), pp. 140-142.

135.-J7. JASSEN B., *Kraftschlub bei Kurventrieben*. Ind. Anz., 1966, 88, Part. I: 1906-1907; part. II: 2193-2196.

136.-K1. KOVACS FR., PERJU D., CRUDU M., *Mecanisme. Partea I-a. Analiza mecanismelor*. I.P."Traian Vuia" din Timisoara, 1978.

137.-K2. KOVACS FR., PERJU D., *Mecanisme*. I.P. "Traian Vuia" din Timisoara, 1977.

138.-K3. KOSTER M.P., *The effects of backlash and shaft flexibility on the dynamic behaviour of a cam mechanism*. In, Cams and cam mechanisms, 1974, pp. 141-146.

139.-K4. KWAKERNAAK H., *Minimum Vibration Cam Profiles*, J. Mech. Eng. Sci., 1968, 10, pp. 219-227.

140.-K5. KLOOMOK M., s.a., *Plate cam design-evaluating dynamic loads*. Prod. Engng., 27(1), 1956, pp. 178-182.

141.-K6. KLOOMOK M., MUFFLEY R.V., *Plate cam design-pressure angle analysis*. In Product Engineering, 1955, 26(5), pp. 155-160.

142.-K7. KERLE H., *How effective is the method of finite differences as regards simple cam mechanisms*. Cams and cam mechanisms, 1974, pp. 131-135.

143.-L1. LOWN G., s.a., *Survey of Investigations in to the Dynamic Behaviour of Mechanisms Contsining Links with Distributed Mass and Elasticity*. Mech. and Mach. Th., 7, 1972.

144.-L2. LEDERER P., *Dynamische synthese der ubertragungs-funktion eines Kurvengetriebes*. In, Mech. Mach. Theory ,Vol. 28., Nr.1., pp. 23-29, Printed in Great Britain, 1993.

145.-M1. MANOLESCU N.I., KOVACS FR., ORANESCU A., *Teoria mecanismelor si a masinilor*. Editura didactică si pedagogică, Bucuresti, 1972.

146.-M2. MANOLESCU N.I., MAROS D., *Teoria mecanismelor si a masinilor*. Editura tehnică, Bucuresti, 1958.

147.-M3. MANOLESCU N.I., s.a., *Probleme de teoria mecanismelor si a masinilor*. Vol. II., E.D.P., Bucuresti, 1968.

148.-M4. MAROS D., *Mecanisme*. Vol. I., I.P. Cluj-Napoca, 1980.

149.-M5. MERTICARU V., *Mecanisme si organe de masini*. I.P.Iasi, 1979.

150.-M6. MANGERON D., IRIMICIUC N., *Mecanica rigidelor cu aplicatii în inginerie*. Vol. I,II si III. Editura tehnică, Bucuresti, 1981.

151.-M7. MARUSTER ST., *Metode numerice în rezolvarea ecuatiilor neliniare*. Ed. Tehn., Bucuresti, 1981.

152.-M8. MARINA M., *Contributii la studiul optimizării distributiei motoarelor cu ardere internă în 4 timpi*. Rezumatul tezei de doctorat, Timisoara, 1978.

153.-M9. MANEA GH., *Organe de masini*. Editura Tehnică, Bucuresti, 1970.

154.-M10. MITSI S., TSIAFIS J., *Optimal synthesis of cam mechanisms.* In SYROM'93, Vol. III., pp. 155-162., Bucuresti, iunie 1993.

155.-M11. MARINA M., *Consideration on the functional compatibility of the engine distribution mechanism springs.* SYROM'97, Vol. 3., pp. 313, Bucuresti, august 1997.

156.-M12. MERCER S., *Dynamic characteristics of cam forms calculated by the digital computer.* Trans. ASME, Nov. 1958, 80, pp. 1695-1705.

157.-M13. MARINCAS D., FRATILA G., PETRESCU FL., s.a., *Rezultatele experimentale privind îmbunătătirea izolatiei fonice a cabinei autoutilitarei TV-14.* In CONAT, Brasov, 1982.

158.-M14. MOLIAN S., *The Design of Cam Mechanisms and Linkages.* Elsevier, New York, 1968.

159.-M15. MOISE V., SIMIONESCU I., ENE M., NEACŞA M., TABĂRĂ I., *Analiza mecanismelor aplicate,* Editura Printech, ISBN 978-973-718-891-5, Bucureşti, 216 pag., 2008.

160.-N1. NEKLUTIN C.N., *Designing cams for controlled inertia and vibration.* In Machine Design, June 1952, pp. 143-153.

161.-N2. NAKANISHI F., *On cam from which induce no surging in valve springs.* Report of the Aeronautical Research Institute, 220, TOKYO Imperial University, 1941, pp. 271-280.

162.-O1. OPREAN M., *Studiul interactiunii camă-arc de supapă la motoarele, cu aprindere prin scânteie, de turatie ridicată.* Teză de doctorat, I.P.B., Bucuresti, 1984.

163.-O2. OPRISAN C., POPOVICI GH., *O analiză a variatiei unghiului de presiune la mecanismele cu camă si tachet de translatie.* In PRASIC'94, Brasov, decembrie 1994.

164.-O3. OHRNBERGER G., MANN M., AUDI A.G., Germany, *The Audi 5- Valve Cylinder Head Concept.*(945004), In XXV FISITA CONGRESS, 17-21 October 1994, Beijing, pp. 36-44.

165.-P1. PELECUDI CHR., DRANGA M., *Dinamica masinilor.* I.P.B., Bucuresti, 1980.

166.-P2. PELECUDI CHR., *Bazele analizei mecanismelor.* Editura Academiei R.S.R., Bucuresti, 1967.

167.-P3. PELECUDI CHR., *Precizia mecanismelor.* Editura Academiei R.S.R., Bucuresti, 1975.

168.-P4. PELECUDI CHR., MAROS D., MERTICARU V., PANDREA N., SIMIONESCU I., *Mecanisme.* E.D.P., Bucuresti, 1985.

169.-P5. PELECUDI CHR., s.a., *Proiectarea mecanismelor.* I.P.B., Bucuresti, 1981.

170.-P6. PELECUDI CHR., s.a., *Probleme de mecanisme.* Editura didactică si pedagogică, Bucuresti, 1982.

171.-P7. PELECUDI CHR., s.a., *Algoritmi si programe pentru analiza mecanismelor.* Editura tehnică, Bucuresti, 1982.

172.-P8. PELECUDI CHR., SIMIONESCU I., ENE M., CANDREA A., STOENESCU M., MOISE V., *Mecanisme cu cuple superioare: came si roti.* I.P.B., Bucuresti, 1982.

173.-P9. POPESCU I., *Proiectarea mecanismelor plane.* Editura Scrisul Românesc din Craiova, 1977.

174.-P10. PANDREA N., MUNTEANU M., *Curs de vibratii.* Vol. I. si II., I.P.B., Bucuresti, 1979.

175.-P11. PELECUDI CHR., SAVA I., *Studiul experimental al dinamicii mecanismelor cu came.* In revista Studii si cercetări de mecanică aplicată, nr. 3., Bucuresti, 1970.

176.-P12. PELECUDI CHR., SAVA I., MATHEESCU A., *Optimizarea legilor de functionare ale mecanismelor de distributie.* In revista Studii si cercetări de mecanică aplicată, nr. 3., Bucuresti, 1968.

177.-P13. PFISTER F., FAYET M., *Linearization of dynamic models*. In al VI-lea SYROM'93, Vol. II., Bucuresti, iunie 1993.

178.-P14 PELECUDI CHR., BOGDAN R., *Sinteza mecanismelor cu came la prescrierea valorilor arcelor de curbă*. In revista Studii si cercetări de mecanică aplicată, nr. 6., Bucuresti, 1962.

179.-P15. PELECUDI CHR., MATHEESCU A., *Analiza armonică a legilor de miscare la mecanismele cu camă*. In revista Studii si cercetări de mecanică aplicată, nr. 1., Bucuresti, 1969.

180.-P16. PELECUDI CHR., SAVA I., *Asupra analizei si sintezei mecanismelor cu came*. In revista Constructia de masini, nr. 8-9., Bucuresti, 1967.

181.-P17. PANDREA N., HARA V., POPA D., *Sinteza dimensională a mecanismelor de distributie cu admisie adaptivă pentru optimizarea legii de deplasare a supapei de admisie*. In PRASIC'94, Brasov, dec. 1994.

182.-P18. POPOVICI GH., *Sinteza profilului camei cu tachet de translatie*. In PRASIC'94, Brasov, decembrie 1994.

183.-P19. POPOVICI GH., LEOHCHI D., CIAUSU V., *Sinteza profilului camei cu tachet oscilant*. In PRASIC'94, Brasov, dec. 1994.

184.-P20. PELECUDI CHR., SAVA I., *Optimizări în sinteza numerică a miscării mecanismelor cu came*. In revista Studii si cercetări de mecanică aplicată, nr. 5., Bucuresti, 1971.

185.-P21. PETRESCU F., PETRESCU R., *Contributii la optimizarea legilor polinomiale de miscare a tachetului de la mecanismul de distributie al motoarelor cu ardere internă*. In E.S.F.A.'95, Vol. 1.,pp. 249-256., Bucuresti, mai 1995.

186.-P22. PETRESCU F., PETRESCU R., *Contributii la sinteza mecanismelor de distributie ale motoarelor cu ardere internă*. In E.S.F.A.'95, Vol. 1., pp. 257-264., Bucuresti, mai 1995.

187.-P23. PETRESCU F., PETRESCU V., *Dinamica mecanismelor cu came (exemplificată pe mecanismul clasic de distributie)*. SYROM'97, Vol. 3., pp. 353-358., Bucuresti, august 1997.

188.-P24. PETRESCU F., PETRESCU V., *Contributii la sinteza mecanismelor de distributie ale motoarelor cu ardere internă cu metoda coordonatelor carteziene*. SYROM'97, Vol. 3., pp. 359-364., Bucuresti, august 1997.

189.-P25. PETRESCU F., PETRESCU V., *Contributii la maximizarea legilor polinomiale pentru cursa activă a mecanismului de distributie de la motoarele cu ardere internă*. SYROM'97, Vol. 3., pp. 365-370., Bucuresti, august 1997.

190.-P26. PETRESCU F.,PETRESCU V., *Sinteza mecanismelor de distributie prin metoda coordonatelor rectangulare (carteziene)*. In Conferinta "Grafica-2000", Universitatea din Craiova, Craiova, 2000.

191.-P27. PETRESCU F., PETRESCU V., *Designul (sinteza) mecanismelor cu came prin metoda coordonatelor polare (metoda triunghiurilor)*. In Conferinta "Grafica-2000", Universitatea din Craiova, Craiova, 2000.

192.-P28. PETRESCU F., PETRESCU V., *Legi de mişcare pentru mecanismele cu came*. In al VII-lea Simpozion Naţional cu Participare Internaţională Proiectarea Asistată de Calculator, PRASIC'02, Braşov, 2002, Vol. I, p. 321-326.

193.-P29. PETRESCU, F., PETRESCU, R. *Elemente de dinamica mecanismelor cu came*. In al VII-lea Simpozion Naţional cu Participare Internaţională Proiectarea Asistată de Calculator, PRASIC'02, Braşov, 2002, Vol. I, p. 327-332.

194.-P30. PETRESCU, V., PETRESCU, I., ANTONESCU, O. *Randamentul cuplei superioare de la angrenajele cu roţi dinţate cu axe fixe*. In al VII-lea Simpozion Naţional cu Participare Internaţională Proiectarea Asistată de Calculator, PRASIC'02, Braşov, 2002, Vol. I, p. 333-338.

195.-P31. PETRESCU, I., PETRESCU, V., OCNĂRESCU, C. *The Cam Synthesis With Maximal Efficiency*. In al VII-lea Simpozion Naţional cu Participare Internaţională Proiectarea Asistată de Calculator, PRASIC'02, Braşov, 2002, Vol. I, p. 339-344.

196.-P32. PETRESCU, F., PETRESCU, R. *Câteva elemente privind îmbunătăţirea designului mecanismului motor*. În al VIII-lea Simpozion Naţional, de Geometrie Descriptivă, Grafică Tehnică şi Design, GTD 2003, Braşov, iunie 2003, Vol. I, p. 353-358.

197.-P33. PETRESCU, F., PETRESCU, R. *The cam design for a better efficiency*. In the International Conference on Engineering Graphics and Design, ICEGD 2005, Bucharest, 2005, Vol. I, p. 245-248.

198.-P34. PETRESCU, F.I., PETRESCU, R.V. *Contributions at the dynamics of cams*. In the Ninth IFToMM International Symposium on Theory of Machines and Mechanisms, SYROM 2005, Bucharest, Romania, 2005, Vol. I, p. 123-128.

199.-P35. PETRESCU, F.I., PETRESCU, R.V. *Determining the dynamic efficiency of cams*. In the Ninth IFToMM International Symposium on Theory of Machines and Mechanisms, SYROM 2005, Bucharest, Romania, 2005, Vol. I, p. 129-134.

200.-P36. PETRESCU, F.I., PETRESCU, R.V. *An original internal combustion engine*. In the Ninth IFToMM International Symposium on Theory of Machines and Mechanisms, SYROM 2005, Bucharest, Romania, 2005, Vol. I, p. 135-140.

201.-P37. PETRESCU, R.V., PETRESCU, F.I. *Determining the mechanical efficiency of Otto engine's mechanism*. In the Ninth IFToMM International Symposium on Theory of Machines and Mechanisms, SYROM 2005, Bucharest, Romania, 2005, Vol. I, p. 141-146.

202.-P38. PETRESCU, F.I., PETRESCU, R.V., POPESCU N., *The efficiency of cams*. In the Second International Conference "Mechanics and Machine Elements", Technical University of Sofia, November 4-6, 2005, Sofia, Bulgaria, Vol. II, p. 237-243.

203.-R1. RADOI M., DECIU E., *Mecanica*. E.D.P., Bucuresti, 1973.

204.-R2. RADOI M., DECIU E., *Mecanica*. E.D.P., Bucuresti, 1977.

205.-R3. RAO A., *Optimum Elastodynamic Synthesis of a Cam-Follower Train Using Stochastic-Geometric Programming*. Mech. and Mach. Theory, Vol. 15., 1980.

206.-R4. RAICU A., *Consideratii privind nedeterminarea din ecuatia de miscare a masinii*. In PRASIC, Brasov, decembrie 1994.

207.-R5. REES JONES J., *Analog simulation of SCCA cam motion*. In Mech. Eng. Deptl. Report, 1974, Liverpool Polytechnic.

208.-R6. ROSKILLY M., s.a., *Valve gear design analysis*. In XXII FISITA CONGRESS (865027), PP. 1.193-1.200.

209.-R7. ***, Revue Technique, aprilie 1991, pp. 22.

210.-S1. SILAS GH., *Mecanică-vibratii mecanice*, E.D.P., Bucuresti, 1968.

211.-S2. SILAS GH., s.a., *Culegere de probleme de vibratii mecanice*. Editura tehnică, Bucuresti, 1967.

212.-S3. SARSTEN A.,VALLEND H., *Computer aided design of valve cams*. Internal Combustion Engines conference, Bucharest, Paper II-19, 1967.

213.-S4. SAVA I., *Stadiul actual în dinamica mecanismelor cu came*. I-II., Rev. S.C.M.A., Nr. 5., 1969.

214.-S5. SAVA I., *Contributii la dinamica si sinteza optimală a mecanismelor cu came*. Teză de doctorat, I.P.B., 1970.

215.-S6. SAVA I., *Cu privire la functionarea in regim dinamic a supapei mecanismului distributiei motoarelor cu ardere interna*. In revista C.M. Nr.12.,Bucuresti, 1971.

216.-S7. SAVIUC S., *Optimizarea duratei de deschidere simultană a supapelor la motoarele cu aprindere prin scânteie.* Teză de doctorat, I.P.B., 1979.

217.-S8. SIRETEANU T., GRUNDISCH O., PARAIAN S., *Vibratiile aleatoare ale automobilelor.* E.T., Bucuresti, 1981.

218.-S9. STOICESCU A., *Dinamica autovehiculelor.* Vol. I-II., I.P.B., Bucuresti, 1980-82.

219.-S10. STOICESCU A., *Dinamica autovehiculelor pe roti.* E.D.P., Bucuresti, 1981.

220.-S11. SONO H., UMIYAMA H., Honda RDCo., Ltd. Japan, *A study of Combustion Stability of Non-Throttling S.I. Engine with Early Intake Valve Closing Mechanism.* (945009), In XXV FISITA CONGRES, October 1994, Beijing, pp. 78-87.

221.-T1. TEMPEA I., POPA GH., *Mecanisme plane articulate.* I.P.B., Bucuresti, 1978.

222.-T2. TEMPEA I., MARTINEAC A., *Organe de masini, teoria mecanismelor si prelucrării prin aschiere. Partea I , mecanisme,* I.P.B., Bucuresti, 1983.

223.-T3. TEMPEA I., BALESCU C., ADIR G., *Mecanism de presare destinat mecanizării operatiei de formare în rame (părtile I si II).* In al VII-lea Simpozion national de roboti industriali si mecanisme spatiale. Vol. 3., Bucuresti, 1987.

224.-T4. TEMPEA I., GRADU M., *Sinteza camei de translatie cu tachet cu rolă, cu ajutorul functiilor spline.* In lucrările simpozionului de R.I., Timisoara, 1992.

225.-T5. TUTUNARU D., *Mecanisme plane rectiliniare si inversoare.* Editura tehnică, Bucuresti, 1969.

226.-T6. TORAZZA G., *A variable lift and event control device piston engine valve operation.* In FISITA XIV Congres,Paper II / 10, London, 1972.

227.-T7. TESAR D., MATTHEW G.K., *The design of modelled cam sistems.* In Cams and cam mechanisms, 1974.

228.-T8. TERME D., *Besondere Merkmalebeider Nutzung des Pressungwinkels fur kurvengetriebeanalyse und-Synthese.* In SYROM'85,Vol. III-2, pp. 489-504, Bucuresti, iulie 1985.

229.-T9. TEMPEA I., DUGĂEŞESCU I., NEACŞA M., *Mecanisme. Noţiuni teoretice şi teme de proiect rezolvate,* Ed. Printech, ISBN (10) 973-718-560-9, 2006.

230.-T10. D. Taraza, N.A. Henein, W. Bryzik, "The Frequency Analysis of the Crankshaft's Speed Variation: A reliable Tool for Diesel Engine Diagnosis," *ASME Journal for Gas Turbines and Power* 123(2), 428-432, 2001

231.-T11. D. Taraza, "Accuracy Limits of IMEP Determination from Crankshaft Speed Measurements," *SAE Transactions, Journal of Engines* 111, 689-697, 2002.

232.-T12. D. Taraza, "Statistical Correlation Between the Crankshaft's Speed Variation and Engine Performance, Part I: Theoretical Model," *ASME Journal of Engineering for Gas Turbines and Power* 125(3), 791-796, 2003.

233.-T13. D. Taraza, "Statistical Correlation Between the Crankshaft's Speed Variation and Engine Performance, Part II: Detection of Deficient Cylinders and MIP Calculation," *ASME journal of Engineering for Gas Turbines and Power* 125(3), 797-803, 2003.

234.-U1. ULF A., WILLIAM S., *A Simple Procedure for Modifying High-Speed Cam Profiles for Vibration Reduction,* Journal of Mechanical Design - November 2004 - Volume 126, Issue 6, pp. 1105-1108.

235.-V1. VOINEA R., VOICULESCU D., CEAUSU V., *Mecanica.* E.D.P., Bucuresti, 1975.

236.-V2. VOINEA R., ATANASIU M., *Metode analitice noi în teoria mecanismelor.* Editura tehnică, Bucuresti, 1964.

237.-V3. Van de Straete, H.J., De Schutter, J., *Hybrid cam mechanisms,* Mechatronics, IEEE/ASME Transactions on Volume 1, Issue 4, Dec. 1996 Page(s):284 - 289

238.-W1. WIEDERRICH J.L., ROTH B., *Design of low vibration cam profiles*. In Cams and cam mechanisms, Edited by J. REES JONES, MEP, London and Birmingham, Alabama, 1974.

239.-W2. WIEDERRICH J.L., ROTH B., *Dynamic Synthesis of Cams Using Finite Trigonometric Series*, Trans. ASME, 1974.

240.-Y1. YOUNG V.C., *Considerations în valve gear design*. Trans. SAE, 1, 1947, pp. 359-365.

241.-Z1. ZHANG J.L., LI Z., *Research on the dynamics of a RSCR spatial mechanisms considering bearing clearances*. In al VI-lea SYROM, Vol. II, Bucuresti, iunie 1993.

APLICAȚII:

A1-DETERMINAREA EXPERIMENTALĂ A VALORII CRITICE A UNGHIULUI DE PRESIUNE PENTRU MECANISMELE CU CAMĂ

1. Scopul lucrării

Pentru proiectarea unui mecanism cu camă şi tachet, este necesară cunoaşterea valorii critice a unghiului de presiune. În timpul funcţionării, unghiul de presiune efectiv nu trebuie să ajungă la valoarea lui critică, pentru evitarea blocării tachetului în ghidaj.

2. Principiul lucrării

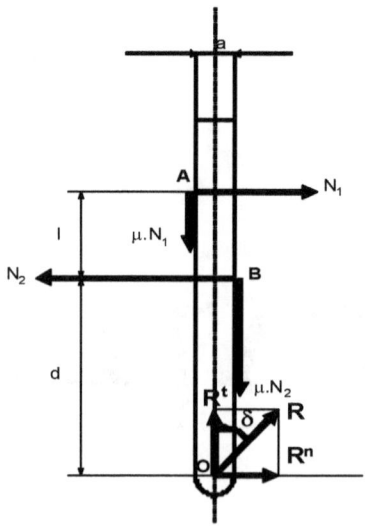

Fig. 1. Tachet cu rolă; forte si lungimi.

Se consideră un mecanism cu camă de rotaţie plană, cu tachet de translaţie prevăzut cu rolă.

Sistemul de forţe care realizează echilibrul tachetului este reprezentat în figură.

Se consideră că blocarea tachetului se produce în principal datorită forţelor de frecare din ghidaj, făcându-se aprecierea că frecarea dintre rolă şi camă, cât şi cea din articulaţia rolei este relativ mică.

Reacţiunea R ce se transmite de la camă către tachet, este înclinată cu unghiul de presiune δ faţă de axa tachetului (direcţia lui de deplasare).

Componenta normală R^n a reacţiunii produce rotirea în sens trigonometric a tachetului în ghidaj, ceea ce conduce la apariţia, în punctele extreme ale ghidajului a reacţiunilor N_1 şi N_2.

Componenta tangenţială R^t reprezintă forţa motoare ce acţionează tachetul pentru a fi ridicat.

Blocarea tachetului se produce când forţa motoare R^t nu poate să învingă forţele de frecare din ghidaj.

Pe figură s-a mai notat cu l distanţa dintre punctele extreme ale ghidajului, cu d, distanţa variabilă măsurată de la ghidaj până la articulaţia rolei, iar cu a lăţimea tachetului.

Din cele trei ecuaţii independente, se obţin :

$$N_1 = \frac{d \cdot tg\delta - \frac{a}{2}}{l - \mu \cdot a} \cdot R' \quad (1) \qquad N_2 = \frac{(d + l) \cdot tg\delta + \frac{a}{2}}{l + \mu \cdot a} \cdot R' \quad (2)$$

$$R' > \mu \cdot N_1 + \mu \cdot N_2 \qquad (3)$$

Din cele trei relaţii se obţine în final forma (4).

Deoarece lungimea a este mult mai mică decât lungimile l şi d, iar coeficientul de frecare μ are întotdeauna valori subunitare, se poate neglija termenul $-\mu \cdot a$ din relaţia (4) care capătă forma aproximativă, simplificată (5):

$$tg\,\delta_{cr} = \frac{l}{\mu \cdot (l + 2 \cdot d - \mu \cdot a)} \tag{4}$$

$$tg\,\delta_{cr} = \frac{l}{\mu \cdot (l + 2 \cdot d)} \tag{5}$$

3. Metoda de lucru

Pe mecanismul cu camă se măsoară parametrii constanţi l, $d=d_{max}$ şi a. Cu relaţia (4) se determină δ_{cr} exact pentru diferiţi coeficienţi de frecare μ şi se completează primul rand din tabelul următor. Apoi cu relaţia (5) se calculează δ_{cr} aproximativ pentru diverse valori ale lui μ şi se completează ultimul rând din tabelul următor:

l	d_{max}	a	Valorile coeficientului de frecare, μ										
[mm]			0.02	0.03	0.04	0.05	0.06	0.07	0.08	0.09	0.12	0.15	0.18
δ_{cr} exact													
δ_{cr} aprox													

140

A2-DETERMINAREA EXPERIMENTALĂ A PARAMETRILOR DE POZIȚIE PENTRU MECANISMELE CU CAMĂ ȘI TACHET; OBȚINEREA VITEZELOR ȘI ACCELERAȚIILOR PRINTR-O METODĂ DE DERIVARE NUMERICĂ APROXIMATIVĂ BAZATĂ PE DEZVOLTAREA UNEI FUNCȚII ÎN SERIE TAYLOR

1. Noțiuni introductive

Un mecanism cu camă și tachet se compune în principiu dintr-un element conducător, profilat, numit camă, și un element condus, numit tachet. Legătura dintre camă și tachet se face printr-o cuplă superioară. Cama poate fi rotativă, sau translantă. Se va studia în continuare cama clasică rotativă. Tachetul poate fi translant sau rotativ. Se va studia în continuare tachetul translant. El poate fi cu vârf, cu rolă, cu talpă, profilat, etc. Se va avea în vedere un tachet cu vârf sau cu rolă.

Ștandul experimental se compune dintr-un arbore de distribuție (arbore cu came), sau dintr-o camă rotativă profilată, și un ceas comparator, care ține loc de tachet translant cu vârf (rolă) (vezi figura 1). Ceasul comparator poate măsura deplasarea liniară a tachetului, cu o precizie de o sutime de milimetru.

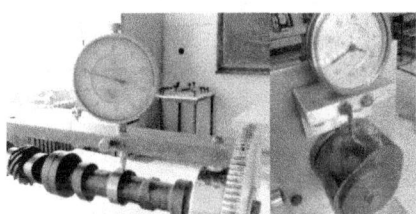

Fig. 1. *Ștandul experimental compus din camă rotativă și ceas comparator*

Cama are în general patru faze de lucru: ridicarea (urcarea), staționarea pe cercul superior (de vârf), coborârea (revenirea), staționarea pe cercul inferior (de bază). Ridicarea și coborârea sunt obligatorii. Staționările superioară sau inferioară pot însă să lipsească.

2. Modul de lucru

Deplasarea s a tachetului se citește pe ceasul comparator (în mm) cu o precizie de sutimi de milimetru (cadranul ceasului e împărțit în 100 diviziuni, fiecare reprezentând o sutime de milimetru; de câte ori acul se dă peste cap se mai adaugă un mm), pentru fiecare poziţie φ a camei. Unghiul φ ia valori de la 0 la 360 grade sexazecimale [deg], şi cum măsurătorile se fac din 10 în 10 grade [deg] rezultă un tabel cu 5 coloane şi 37 rânduri.

Măsurătorile se trec în mm în tabelul 1. În principiu valorile s_{37} şi s_1 trebuie să coincidă.

Tabelul 1

Nr. crt. k	φ[deg]	s_k[mm]	s_k'[mm]	s_k''[mm]
1	0			
2	10			
...	...	...	...	...
36	350			
37	360			

Dacă deplasarea s a tachetului se face experimental prin citiri succesive, vitezele reduse şi acceleraţiile reduse ale tachetului se determină prin calcul pentru fiecare unghi φ (pentru fiecare poziţie a camei) şi pentru fiecare s măsurat corespunzător. Se utilizează metoda derivării numerice aproximative, care se bazează pe dezvoltarea funcţiilor în serie taylor. Formulele de calcul numeric ce se vor utiliza sunt date de sistemul (1).

$$\begin{cases} s_k' = \dfrac{s_{k+1} - s_{k-1}}{2 \cdot \Delta \varphi}; \quad \Delta \varphi = 10 \cdot \dfrac{\pi}{180} = \dfrac{\pi}{18} = 0,1745 ; \quad 2 \cdot \Delta \varphi = 0,349 \\[2mm] \Rightarrow s_k' = \dfrac{s_{k+1} - s_{k-1}}{0,349} \quad pentru \quad un \quad pas \quad \Delta \varphi = 10\,[\text{deg}]; \\[4mm] s_k'' = \dfrac{s_{k+1} + s_{k-1} - 2 \cdot s_k}{(\Delta \varphi)^2}; \quad \Delta \varphi = 0,1745 ; \Rightarrow (\Delta \varphi)^2 = 0,03 \\[2mm] \Rightarrow s_k'' = \dfrac{s_{k+1} + s_{k-1} - 2 \cdot s_k}{0,03} \quad pentru \quad un \quad pas \quad \Delta \varphi = 10\,[\text{deg}]; \end{cases} \qquad (1)$$

Observație: dacă măsurătorile se vor face cu precizie mai mare, din 5 în 5 grade sexazecimale [deg], se vor utiliza relațiile de calcul din sistemul (2).

$$
\begin{cases}
s'_k = \dfrac{s_{k+1} - s_{k-1}}{2 \cdot \Delta \varphi}; \quad \Delta \varphi = 5 \cdot \dfrac{\pi}{180} = \dfrac{\pi}{36} = 0{,}087 ; \quad 2 \cdot \Delta \varphi = 0{,}1745 \\[4mm]
\Rightarrow s'_k = \dfrac{s_{k+1} - s_{k-1}}{0{,}1745} \quad pentru \quad un \quad pas \quad \Delta \varphi = 5[deg]; \\[4mm]
s''_k = \dfrac{s_{k+1} + s_{k-1} - 2 \cdot s_k}{(\Delta \varphi)^2}; \quad \Delta \varphi = 0{,}087 ; \Rightarrow (\Delta \varphi)^2 = 0{,}0076 \\[4mm]
\Rightarrow s''_k = \dfrac{s_{k+1} + s_{k-1} - 2 \cdot s_k}{0{,}0076} \quad pentru \quad un \quad pas \quad \Delta \varphi = 5[deg];
\end{cases} \tag{2}
$$

Se completează întregul tabel 1 (37 poziții).

În continuare se trasează diagramele s=s(φ); s'=s'(φ); s"=s"(φ), pe hârtie milimetrică, asemănător modelului din figura 2, și se determină cele patru unghiuri de fază: φ_u, φ_{ss}, φ_c, φ_{si}.

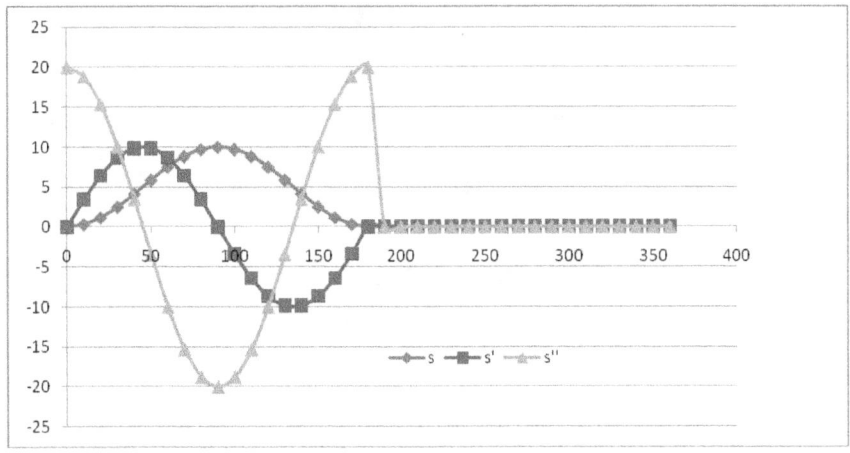

Fig. 2. *Diagramele legilor de mișcare ale tachetului: s=s(φ); s'=s'(φ); s"=s"(φ)*

A3-A6-DETERMINAREA LEGILOR DE MIŞCARE ŞI A RAZEI MINIME A CERCULUI DE BAZĂ, PENTRU O CAMĂ CLASICĂ. TRASAREA (SINTEZA) PROFILULUI CAMEI. DETERMINAREA RANDAMENTULUI CUPLEI

O camă rotativă este alcătuită practic din două cercuri concentrice (un cerc interior de bază, şi un cerc exterior de vârf), racordate între ele prin două arce de cerc aşa cum se vede în figura de mai jos. Se constituie patru sectoare principale. Cel de urcare (de la cercul de bază la cel de vârf), cel de staţionare superioară (pe cercul de vârf; de rază R_M), cel de coborâre (revenire de pe cercul de vârf pe cel de bază), şi ultimul de staţionare inferioară (pe cercul de bază; de rază R_0). Fiecărui sector îi corespunde un unghi φ, de rotaţie a camei. Apar astfel patru unghiuri: $\varphi_u, \varphi_{ss}, \varphi_c, \varphi_{si}$. Evident suma celor patru unghiuri este întotdeauna 2π [rad], sau 360 [deg].

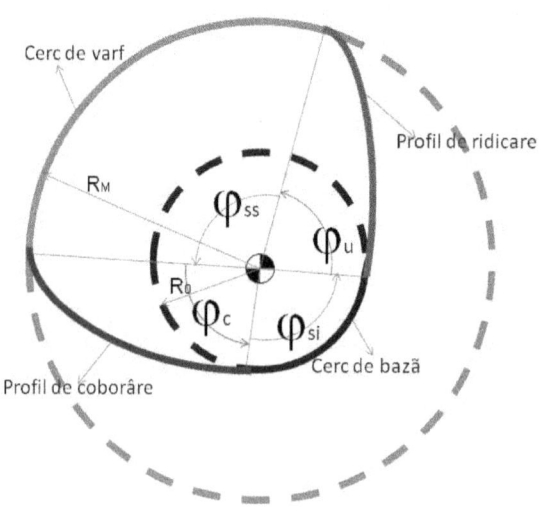

Fig. 1. *Schema cinematică a unei came simple*

Se impun valorile unghiurilor $\varphi_u, \varphi_{ss}, \varphi_c, \varphi_{si}$, și legile de mișcare pentru profilul de ridicare și pentru cel de coborâre.

Se dă și deplasarea (ridicarea maximă a tachetului) $s_{max}=h$.

A3

Se cere să se determine valorile legilor de mișcare ale tachetului și să se traseze diagramele legilor de mișcare (ale tachetului), pentru o rotație completă a camei.

Utilizând relațiile impuse, separat pentru urcare și coborâre, se completează tabelul următor.

α_u [deg]	s_u [mm]	s_u' [mm]	s_u'' [mm]	φ	α_c [deg]	s_c [mm]	s_c' [mm]	s_c'' [mm]	φ [deg]
0				0	0				$\varphi_u+\varphi_{ss}$
10				10	10				$\varphi_u+\varphi_{ss}$ +10
...				...	...				...
φ_u				φ_u	φ_c				$\varphi_u+\varphi_{ss}$ +φ_c

În continuare se trasează diagramele s=s(φ); s'=s'(φ); s''=s''(φ), pe hârtie milimetrică, asemănător modelului din figura 2, și se determină cele patru unghiuri de fază: φ_u, φ_{ss}, φ_c, φ_{si}.

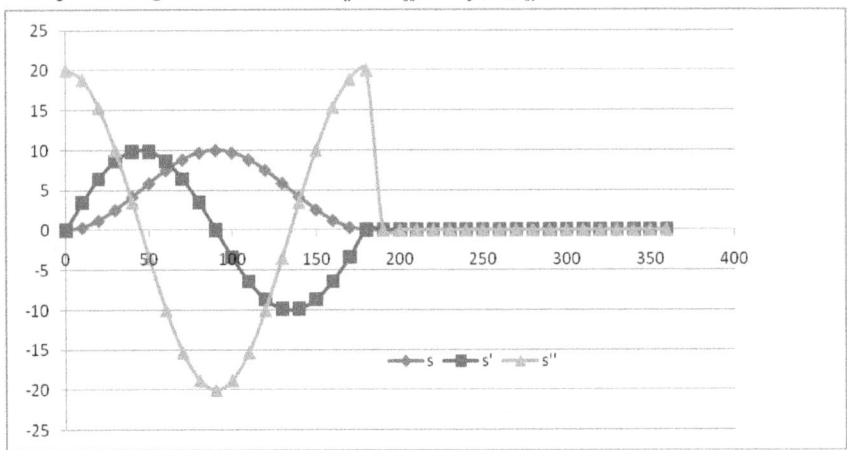

Fig. 2. *Diagramele legilor de mișcare ale tachetului: s=s(φ); s'=s'(φ); s''=s''(φ)*

145

A4

Cu ajutorul datelor din tabelul anterior se trasează diagrama s=s(s'), care are în general un aspect asemănător celui următor. Scara trebuie să fie 1-1 sau mărită identic. Se duc tangentele la profil înclinate cu unghiurile critice de presiune pentru urcare respectiv coborâre măsurate de la verticală. Triunghiul hașurat reprezintă zona în care se poate poziționa centrul de rotație al camei. Pentru ca raza cercului de bază să fie cât mai mică putem lua centrul camei chiar în punctul de intersecție al tangentelor, A. Dacă se impune o dezaxare e se duce dreapta paralelă cu verticala astfel încât de la ea la axa Os să avem o distanță e, iar centrul camei va trebui să fie în triunghiul hașurat și pe dreapta respectivă. Pentru o rază R_0 minimă se poate lua centrul camei în punctul B. Mărimea razei R_0 în mm, se află prin măsurarea grafică a segmentului care-i corespunde. Dacă desenul nu a fost conceput la scara 1/1, atunci pentru mărimea reală a razei cercului de bază trebuie făcută corecția conform scării utilizate.

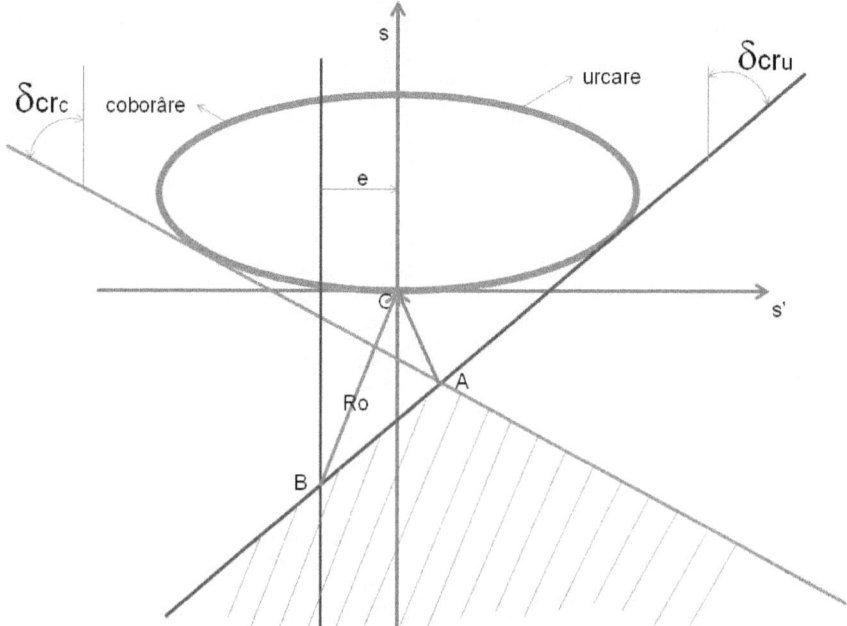

Fig. 3. *Diagrama s=s(s'); determinarea lungimii minime a razei cercului de bază*

A5

TRASAREA (SINTEZA) PROFILULUI CAMEI CLASICE

O metodă rapidă de sinteză geometrică este cea a coordonatelor carteziene.

În sistemul fix xOy, coordonatele carteziene ale punctului A de contact (aparţinând tachetului 2) sunt date de proiecţiile vectorului de poziţie r_A pe axele Ox respectiv Oy, şi au expresiile analitice exprimate de sistemul relaţional (1).

$$
\begin{cases}
x_T = r_A \cdot \cos\left(\varphi + \tau + \dfrac{\pi}{2} - \varphi\right) = r_A \cdot \cos\left(\dfrac{\pi}{2} + \tau\right) = -r_A \cdot \sin \tau = \\[2mm]
= -r_A \cdot \dfrac{s'}{r_A} = -s' \\[4mm]
y_T = r_A \cdot \sin\left(\varphi + \tau + \dfrac{\pi}{2} - \varphi\right) = r_A \cdot \sin\left(\dfrac{\pi}{2} + \tau\right) = r_A \cdot \cos \tau = \\[2mm]
= r_A \cdot \dfrac{r_0 + s}{r_A} = r_0 + s
\end{cases}
\tag{1}
$$

În sistemul mobil x'Oy', coordonatele carteziene ale punctului A de contact (aparţinând profilului camei 1 care s-a rotit orar cu unghiul φ), sunt date de relaţiile sistemelor (2-3).

$$
\begin{cases}
x_C = r_A \cdot \cos\left(\varphi + \tau + \dfrac{\pi}{2} - \varphi + \varphi\right) = r_A \cdot \cos\left(\dfrac{\pi}{2} + \tau + \varphi\right) = \\[2mm]
= r_A \cdot \sin(-\varphi - \tau) = -r_A \cdot \sin(\varphi + \tau) = \\[2mm]
= -r_A \cdot (\sin \varphi \cdot \cos \tau + \sin \tau \cdot \cos \varphi) = \\[2mm]
= -r_A \cdot \dfrac{r_0 + s}{r_A} \cdot \sin \varphi - r_A \cdot \dfrac{s'}{r_A} \cdot \cos \varphi = \\[2mm]
= -(r_0 + s) \cdot \sin \varphi - s' \cdot \cos \varphi \\[4mm]
y_C = r_A \cdot \sin\left(\varphi + \tau + \dfrac{\pi}{2} - \varphi + \varphi\right) = r_A \cdot \sin\left(\dfrac{\pi}{2} + \tau + \varphi\right) = \\[2mm]
= r_A \cdot \cos(-\varphi - \tau) = r_A \cdot \cos(\varphi + \tau) = \\[2mm]
= r_A \cdot (\cos \varphi \cdot \cos \tau - \sin \tau \cdot \sin \varphi) = \\[2mm]
= r_A \cdot \dfrac{r_0 + s}{r_A} \cdot \cos \varphi - r_A \cdot \dfrac{s'}{r_A} \cdot \sin \varphi = \\[2mm]
= (r_0 + s) \cdot \cos \varphi - s' \cdot \sin \varphi
\end{cases}
\tag{2}
$$

$$\begin{cases} x_C = -s' \cdot \cos \varphi - (r_0 + s) \cdot \sin \varphi \\ \\ y_C = (r_0 + s) \cdot \cos \varphi - s' \cdot \sin \varphi \end{cases} \qquad (3)$$

Trasarea profilului camei se realizează în coordonate carteziene, xOy, ele determinându-se pentru un întreg ciclu cinematic (360 deg); se utilizează relațiile (3).

Raza cercului de bază s-a determinat la punctul anterior; $R_0 = r_0$ [mm]. s, s' și φ, se iau din tabelul anterior, pentru urcare și respectiv coborâre, în vreme ce pentru staționarea pe cercurile de vârf sau de bază, acestea au valori constante; pe cercul de vârf $s = s_{max} = h$, s'=0, iar pe cercul de bază $s = s_{min} = 0$, s'=0.

Pentru porțiunea de ridicare unghiul φ are aceleași valori cu unghiul α_u, variind de la 0 la φ_u.

Pentru staționarea pe cercul de vârf, φ variază de la φ_u la $\varphi_u + \varphi_{ss}$.

Pe porțiunea de coborâre, φ variază de la $\varphi_u + \varphi_{ss}$ la $\varphi_u + \varphi_{ss} + \varphi_c$.

La staționarea pe cercul de bază, φ variază de la $\varphi_u + \varphi_{ss} + \varphi_c$ la $\varphi_u + \varphi_{ss} + \varphi_c + \varphi_{si}$.

Observație: Dezaxarea e dintre axa tachetului și cea a camei, nu influențează sinteza geometro-cinematică a mecanismului la cama clasică (cu tachet translant plat).

A6

DETERMINAREA RANDAMENTULUI CUPLEI

În continuare se va prezenta o metodă exactă de calcul a coeficientului TF la mecanismele de distribuție clasice, cu camă rotativă și tachet de translație cu talpă (tachet de translație plat), adică la Modulul clasic de distribuție, Modulul C.

În figura 4 se poate urmări modul de calcul al coeficientului de transmitere a forței (CTF), la mecanismul clasic de distribuție, cu determinarea vitezelor principale din cuplă și a forțelor principale din cuplă, cu care se calculează puterile principale și pe baza lor randamentul mecanic al cuplei cinematice superioare (camă-tachet).

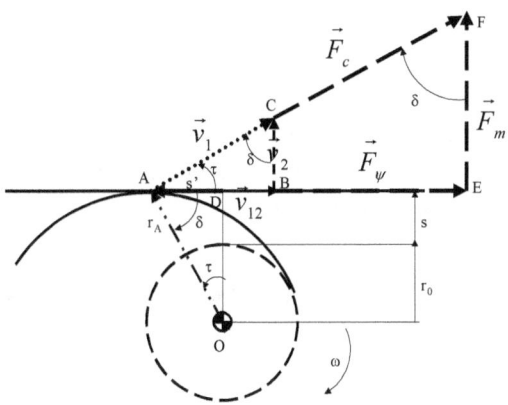

Fig. 4. *Determinarea coeficientului TF la Modulul C. Forțe și viteze.*

Forța motoare consumată, F_c, sau forța motoare de intrare, adică forța motoare redusă la camă (forța motoare redusă la arborele de distribuție), perpendiculară în A pe vectorul r_A, se împarte în două componente perpendiculare între ele: Forța F_m, care reprezintă forța motoare redusă la tachet, sau forța utilă și acționează pe verticală (de jos în sus pe porțiunea de ridicare), ea fiind forța care mișcă tachetul pe porțiunea de ridicare și care este opusă forței rezistente redusă la tachet; Forța F_ψ, care acționează pe orizontală și produce alunecarea dintre cele două profile (camă-tachet), provocând pierderile din sistem datorate alunecărilor dintre profile.

Se pot scrie următoarele relații:

$$F_m = F_c . \sin \tau \qquad\qquad (A6.1)$$

$$v_2 = v_1 . \sin \tau \qquad\qquad (A6.2)$$

$$P_u = F_m . v_2 = F_c . v_1 . \sin^2 \tau \qquad\qquad (A6.3)$$

$$P_c = F_c . v_1 \qquad\qquad (A6.4)$$

$$\eta_i = \frac{P_u}{P_c} = \frac{F_c . v_1 . \sin^2 \tau}{F_c . v_1} = \sin^2 \tau = \cos^2 \delta \qquad\qquad (A6.5)$$

$$F_\psi = F_c . \cos \tau \qquad\qquad (A6.6)$$

$$v_{12} = v_1 . \cos \tau \qquad\qquad (A6.7)$$

$$P_\psi = F_\psi . v_{12} = F_c . v_1 . \cos^2 \tau \qquad\qquad (A6.8)$$

$$\psi_i = \frac{P_\psi}{P_c} = \frac{F_c . v_1 . \cos^2 \tau}{F_c . v_1} = \cos^2 \tau = \sin^2 \delta \qquad\qquad (A6.9)$$

Unde P_c este puterea totală consumată, $P_u = P_m$ reprezintă puterea utilă, P_ψ este puterea pierdută, η_i este coeficientul TF instantaneu al mecanismului, iar ψ_i reprezintă coeficientul instantaneu al pierderilor din mecanism.

Se ştie că suma dintre η_i şi ψ_i trebuie să fie 1, iar dacă facem această verificare ea apare ca adevărată imediat (vezi relaţia 3.37):

$$\eta_i + \psi_i = \sin^2 \tau + \cos^2 \tau = \cos^2 \delta + \sin^2 \delta = 1 \qquad\qquad (A6.10)$$

Determinarea coeficientului TF total, pentru cursa de urcare de exemplu, se face prin integrarea coeficientului TF instantaneu, pe porţiunea de ridicare, conform relaţiilor (A6.11-21).

$$\eta = \frac{1}{\Delta \tau} . \int_{\tau_m}^{\tau_M} \eta_i . d\tau \qquad\qquad (A6.11)$$

$$\eta = \frac{1}{\Delta \tau} . \int_{\tau_m}^{\tau_M} \sin^2 \tau . d\tau \qquad\qquad (A6.12)$$

$$\eta = \frac{1}{2.\Delta \tau} . \int_{\tau_m}^{\tau_M} 2.\sin^2 \tau . d\tau \qquad\qquad (A6.13)$$

150

$$\eta = \frac{1}{2.\Delta\tau} \cdot \int_{\tau_m}^{\tau_M} [1 - \cos(\ 2.\tau\ )].\,d\tau \qquad \text{(A6.14)}$$

$$\eta = \frac{1}{2.\Delta\tau} \cdot [\tau - \frac{1}{2}.\sin(\ 2.\tau\ )]_{\tau_m}^{\tau_M} \qquad \text{(A6.15)}$$

$$\eta = \frac{1}{2.\Delta\tau} \cdot \{\Delta\tau - \frac{1}{2}.[\sin(\ 2.\tau_M\ ) - \sin(\ 2.\tau_m\ )]\} \qquad \text{(A6.16)}$$

$$\eta = \frac{1}{2} + \frac{\sin(\ 2.\tau_m\ ) - \sin(\ 2.\tau_M\ )}{4.\Delta\tau} \qquad \text{(A6.17)}$$

$$\tau_m = 0 \qquad \text{(A6.18)}$$

$$\eta = \frac{1}{2} - \frac{\sin(\ 2.\tau_M\ )}{4.\tau_M} \qquad \text{(A6.19)}$$

$$\eta = \frac{1}{2} - \frac{2.\sin\tau_M.\cos\tau_M}{4.\tau_M} = \frac{1}{2} - \frac{\sin\tau_M.\cos\tau_M}{2.\tau_M} \qquad \text{(A6.20)}$$

$$\eta = 0.5 \cdot \{1 - \frac{(r_0 + s_{\tau_M}).s'_{\tau_M}}{\tau_M.[(r_0 + s_{\tau_M})^2 + s'^2_{\tau_M}]}\} \qquad \text{(A6.21)}$$

Se determină τ_M şi valorile corespunzătoare ale lui s_{τ_M} şi s'_{τ_M}, după care se calculează, uşor, coeficientul TF total al mecanismului, pentru cursa de urcare. Dificultatea constă în determinarea matematică a valorii τ_M, fapt pentru care în practică se aproximează s'_{τ_M} cu s' la mijlocul intervalului de ridicare şi cu valorile s şi τ care îi corespund, sau se extrag aceste valori prin tabelare.

După determinarea lui τ_M, se poate utiliza pentru calculul randamentului mecanic al cuplei (fără frecări), una din formulele (A6.19-21). Cea mai simplă pare a fi formula A6.19.

$$\eta = \frac{1}{2} - \frac{\sin(\ 2.\tau_M\ )}{4.\tau_M} \qquad \text{(A6.19)}$$

$$tg\,\tau = \frac{s'}{s + r_0} \qquad \text{(A6.22)}$$

Modul de lucru: se determină r_0 [mm] prin măsurare.

Dacă se cunosc legile de mișcare (formulele) se calculează s și s' pentru diferitele valori ale unghiului φ. Dacă s a fost determinat direct de pe mecanism prin măsurarea cu un ceas comparator (lucrarea A2), s' se calculează prin derivare numerică. Se completează datele în tabelul de mai jos. Se calculează tgτ, τ [deg], $\eta_i = \sin^2 \tau$.

n	1	2	3	...	...	...	...	...	n
φ [deg]	0	5	10	...	...	...	...	...	φ_u
S' [mm]									
S [mm]									
$tg\,\tau = \dfrac{s'}{s + r_0}$									
τ [deg]									
$\eta_i = \sin^2 \tau$									

În final se determină randamentul mecanic (fără să se țină seama și de influența frecărilor din cuplă) prin două metode diferite.

Se utilizează mai întâi formula A6.23 la care se determină randamentul total al cuplei prin medierea (aritmetică) a valorilor randamentelor instantanee.

A doua metodă obține direct randamentul mecanic al cuplei, utilizând formula A6.24, în care se introduce pentru τ valoarea maximă luată din tabelul de mai sus.

$$\eta = \frac{\sum_{i=1}^{n} \eta_i}{n} \quad (A6.23)$$

$$\eta = \frac{1}{2} - \frac{\sin(2.\tau_M)}{4.\tau_M} \quad (A6.24)$$

Se compară apoi rezultatele obținute.

A7-A10-SINTEZA DINAMICĂ A CAMEI ROTATIVE CU TACHET TRANSLANT PLAT (LEGEA COS-COS)

O camă rotativă cu tachet de translație plat, utilizează legile cos-cos (la urcare și coborâre).

Să se determine parametrii dinamici și să se completeze tabelul următor. Să se traseze apoi diagrama $\ddot{x} = \ddot{x}(\varphi)$.

Dinamica la cama clasică (legea de mișcare cosinusoidală)									
φ [deg]	0	10	20	...	φ_u	0	10	...	φ_c
s [m]									
s' [m]									
s'' [m]									
s''' [m]									
ω^2 [s^{-2}]									
ε [s^{-2}]									
x [m]									
x' [m]									
x'' [m]									
$\ddot{x}$ [ms^{-2}]									

Se dau următorii parametrii:

R_0=0.013 [m]; h=0.008 [m]; x_0=0.03 [m]; φ_u=π/2; φ_c=π/2; K=5000000 [N/m]; k=20000 [N/m]; m_T=0.1 [kg]; M_c=0.2 [kg]; n_{motor}=5500 [rot/min].

Modul de lucru

Se determină legile de mișcare cu relațiile (1).

$$\begin{cases}
s = \dfrac{h}{2} - \dfrac{h}{2} \cdot \cos\left(\pi \cdot \dfrac{\varphi}{\varphi_u}\right) & s_c = \dfrac{h}{2} + \dfrac{h}{2} \cdot \cos\left(\pi \cdot \dfrac{\varphi}{\varphi_c}\right) \\[4mm]
s' \equiv v_r = \dfrac{\pi \cdot h}{2 \cdot \varphi_u} \cdot \sin\left(\pi \cdot \dfrac{\varphi}{\varphi_u}\right) & s_c' = -\dfrac{\pi \cdot h}{2 \cdot \varphi_c} \cdot \sin\left(\pi \cdot \dfrac{\varphi}{\varphi_c}\right) \\[4mm]
s'' \equiv a_r = \dfrac{\pi^2 \cdot h}{2 \cdot \varphi_u^2} \cdot \cos\left(\pi \cdot \dfrac{\varphi}{\varphi_u}\right) & s_c'' = -\dfrac{\pi^2 \cdot h}{2 \cdot \varphi_c^2} \cdot \cos\left(\pi \cdot \dfrac{\varphi}{\varphi_c}\right) \\[4mm]
s''' \equiv \alpha_r = -\dfrac{\pi^3 \cdot h}{2 \cdot \varphi_u^3} \cdot \sin\left(\pi \cdot \dfrac{\varphi}{\varphi_u}\right) & s_c''' = \dfrac{\pi^3 \cdot h}{2 \cdot \varphi_c^3} \cdot \sin\left(\pi \cdot \dfrac{\varphi}{\varphi_c}\right)
\end{cases} \tag{1}$$

În continuare se calculează A, B și ω^2 cu relațiile sistemului (2) și ε cu expresia (4); din (5-8) se scot x, x', x'' și $\ddot{x}$.

$$\begin{cases}
\omega^2 = \omega_m^2 \cdot \dfrac{A}{B} \\[4mm]
A = M_c \cdot R_0^2 + M_c \cdot \dfrac{h^2}{8} + \dfrac{1}{2} \cdot M_c \cdot R_0 \cdot h + \\[4mm]
+ \dfrac{1}{8} \cdot M_c \cdot \dfrac{\pi^2 \cdot h^2}{\varphi_0^2} + \dfrac{1}{4} \cdot m_T \cdot \dfrac{\pi^2 \cdot h^2}{\varphi_0^2} \\[4mm]
B = M_c \cdot R_0^2 + M_c \cdot s^2 + 2 \cdot M_c \cdot R_0 \cdot s + M_c \cdot s'^2 + 2 \cdot m_T \cdot s'^2
\end{cases} \tag{2}$$

Unde ω_m reprezintă viteza medie nominală a camei și se exprimă la mecanismele de distribuție în funcție de turația arborelui motor (3); $\varphi_0 = \varphi_u$ sau φ_c.

$$\omega_m = 2 \cdot \pi \cdot v_c = 2 \cdot \pi \cdot \dfrac{n_c}{60} = \dfrac{2 \cdot \pi}{60} \cdot \dfrac{n_{motor}}{2} = \dfrac{\pi \cdot n}{60} \tag{3}$$

$$\varepsilon = -\omega^2 \cdot \dfrac{\left(M_c \cdot s + M_c \cdot R_0 + M_c \cdot s'' + 2 \cdot m_T \cdot s''\right) \cdot s'}{B} \tag{4}$$

Pentru un mecanism clasic cu camă și tachet (fără supapă) deplasarea dinamică a tachetului se exprimă cu relația (5).

$$x = s - \dfrac{(K+k) \cdot m_T \cdot \omega^2 \cdot s'^2 + (k^2 + 2k \cdot K) \cdot s^2 + 2k \cdot x_0 \cdot (K+k) \cdot s}{2 \cdot (K+k)^2 \cdot \left(s + \dfrac{k \cdot x_0}{K+k}\right)} \tag{5}$$

Unde x reprezintă deplasarea dinamică a tachetului, în vreme ce s este deplasarea sa normală (cinematică). K este constanta elastică a sistemului, iar k reprezintă constanta elastică a resortului care ține tachetul. S-a notat cu x_0

pretensionarea (prestrângerea) resortului tachetului, cu m_T masa tachetului, cu ω viteza unghiulară a camei (sau a arborelui cu came), s' fiind prima derivată în funcție de φ a deplasării tachetului s. Derivând de două ori, succesiv, expresia (5) în raport cu unghiul φ, se obțin viteza redusă (relația 6) și respectiv accelerația redusă a tachetului (7).

$$\begin{cases} N = (K + k) \cdot m_T \cdot \omega^2 \cdot s'^2 + (k^2 + 2k \cdot K) \cdot s^2 + 2k \cdot x_0 \cdot (K + k) \cdot s \\ M = \left[(K + k)m_T \omega^2 \cdot 2s's'' + \left(k^2 + 2kK\right) \cdot 2ss' + 2kx_0 (K + k) \cdot s' \right] \cdot \\ \cdot \left(s + \dfrac{kx_0}{K + k} \right) - N \cdot s' \\ x' = s' - \dfrac{M}{2 \cdot (K + k)^2 \cdot \left(s + \dfrac{kx_0}{K + k} \right)^2} \end{cases} \tag{6}$$

$$\begin{cases} N = (K + k) \cdot m_T \cdot \omega^2 \cdot s'^2 + (k^2 + 2k \cdot K) \cdot s^2 + 2k \cdot x_0 \cdot (K + k) \cdot s \\ M = \left[(K + k)m_T \omega^2 \cdot 2s's'' + \left(k^2 + 2kK\right) \cdot 2ss' + 2kx_0 (K + k) \cdot s' \right] \cdot \\ \cdot \left(s + \dfrac{kx_0}{K + k} \right) - N \cdot s' \\ O = (K + k) \cdot m_T \cdot \omega^2 \cdot 2 \cdot \left(s''^2 + s' \cdot s''' \right) + \\ + \left(k^2 + 2 \cdot k \cdot K\right) \cdot 2 \cdot \left(s'^2 + s \cdot s'' \right) + 2 \cdot k \cdot x_0 \cdot (K + k) \cdot s'' \\ x'' = s'' - \dfrac{\left[O \cdot \left(s + \dfrac{kx_0}{K + k} \right) - N \cdot s'' \right] \cdot \left(s + \dfrac{kx_0}{K + k} \right) - M \cdot 2 \cdot s'}{2 \cdot (K + k)^2 \cdot \left(s + \dfrac{kx_0}{K + k} \right)^3} \end{cases} \tag{7}$$

En continuare se poate determina direct accelerația reală (dinamică) a tachetului utilizând relația (8).

$$\ddot{x} = x'' \cdot \omega^2 + x' \cdot \varepsilon \tag{8}$$

Urmează **Analiza Dinamică**, în cadrul căreia se modifică **k, x_0,** r_0, h, φ_u, și legile de mișcare utilizate.

A11-A14-SINTEZA DINAMICĂ A CAMEI ROTATIVE CU TACHET TRANSLANT CU ROLĂ (LEGEA COS-COS)

Cama rotativă cu tachet de translație cu rolă sau bilă, se sintetizează dinamic urmărind relațiile viitoare și figura de mai jos.

Se determină pentru început momentul de inerție masic (mecanic) al mecanismului, redus la elementul de rotație, adică la camă (practic se utilizează conservarea energiei cinetice; sistemul 1).

S-a considerat pentru legea de mișcare a tachetului varianta clasică deja utilizată a legii cosinusoidale (atât pentru urcare cât și pentru coborâre).

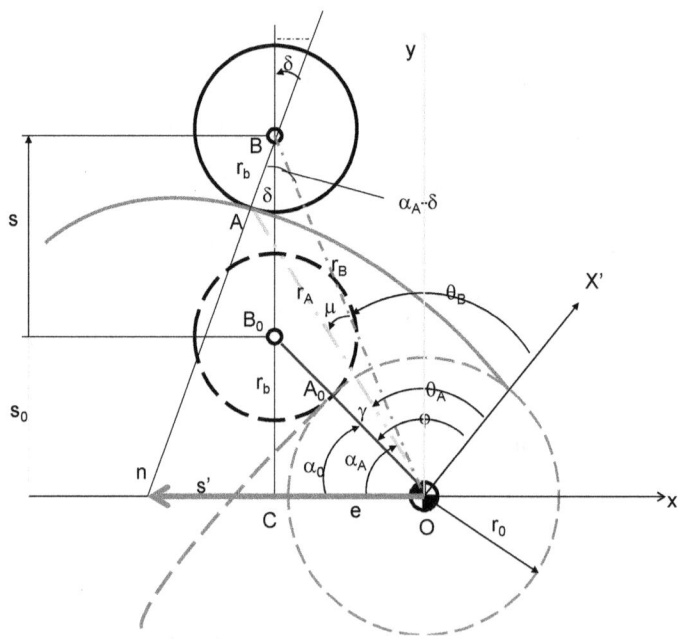

Fig. 1. *Schema cinematică a unei came rotative cu tachet translant cu rolă*

$$
\left\{
\begin{aligned}
& J_{cama} = \frac{1}{2} \cdot M_c \cdot R^2 \\[4pt]
& R^2 \equiv r_A^2 = x_A^2 + y_A^2 = e^2 + r_b^2 \cdot \sin^2 \delta + 2 \cdot e \cdot r_b \cdot \sin \delta + \\
& \quad + (s_0 + s)^2 + r_b^2 \cdot \cos^2 \delta - 2 \cdot r_b \cdot (s_0 + s) \cdot \cos \delta \\[4pt]
& r_A^2 = e^2 + r_b^2 + (s_0 + s)^2 + 2 \cdot r_b \cdot [e \cdot \sin \delta - (s_0 + s) \cdot \cos \delta] \\[4pt]
& r_A^2 = e^2 + r_b^2 + (s_0 + s)^2 + 2 \cdot r_b \cdot e \cdot \frac{s' - e}{\sqrt{(s_0 + s)^2 + (s' - e)^2}} - \\[4pt]
& \quad - 2 \cdot r_b \cdot (s_0 + s) \cdot \frac{(s_0 + s)}{\sqrt{(s_0 + s)^2 + (s' - e)^2}} \\[4pt]
& r_A^2 = e^2 + r_b^2 + (s_0 + s)^2 - \frac{2 \cdot r_b \cdot (s_0 + s)^2}{\sqrt{(s_0 + s)^2 + (s' - e)^2}} + \\[4pt]
& \quad + \frac{2 \cdot r_b \cdot e \cdot (s' - e)}{\sqrt{(s_0 + s)^2 + (s' - e)^2}} \\[4pt]
& J_m^* = \frac{1}{2} \cdot M_c \cdot (r_0^2 + r_b^2 + r_0 \cdot r_b) + \frac{1}{4} \cdot M_c \cdot s_0 \cdot h + \frac{1}{16} \cdot M_c \cdot h^2 + \\[4pt]
& \quad + \frac{1}{2} \cdot M_c \cdot r_b \cdot \frac{e \cdot \dfrac{\pi \cdot h}{2 \cdot \varphi_0} - e^2 - \left(s_0 + \dfrac{h}{2}\right)^2}{\sqrt{\left(s_0 + \dfrac{h}{2}\right)^2 + \left(\dfrac{\pi \cdot h}{2 \cdot \varphi_0} - e\right)^2}} + \frac{m_T \cdot \pi^2 \cdot h^2}{8 \cdot \varphi_0^2} \\[4pt]
& J^* = \frac{1}{2} \cdot M_c \cdot (2 \cdot r_b^2 + r_0^2 + 2 \cdot r_0 \cdot r_b) + M_c \cdot s_0 \cdot s + \frac{1}{2} \cdot M_c \cdot s^2 + \\[4pt]
& \quad + M_c \cdot r_b \cdot \frac{e \cdot s' - e^2 - (s_0 + s)^2}{\sqrt{(s_0 + s)^2 + (s' - e)^2}} + m_T \cdot s'^2
\end{aligned}
\right.
\tag{1}
$$

Viteza unghiulară este o funcție de poziția camei (φ) dar și de turația ei (2); (a se vedea și capitolul 10). Unde ω_m reprezintă viteza medie nominală a camei și se exprimă la mecanismele de distribuție în funcție de turația arborelui motor (3).

$$
\omega^2 = \frac{J_m^*}{J^*} \cdot \omega_m^2 \ (2) \qquad \omega_m = 2 \cdot \pi \cdot v_c = 2 \cdot \pi \cdot \frac{n_c}{60} = \frac{2 \cdot \pi}{60} \cdot \frac{n_{motor}}{2} = \frac{\pi \cdot n}{60} \ (3)
$$

Vom porni simularea cu o lege de mișcare clasică, și anume legea *cosinus*oidală. Legea cosinus se exprimă prin relațiile sistemului (4).

$$\left\{ \begin{array}{ll} s = \dfrac{h}{2} - \dfrac{h}{2} \cdot \cos\left(\pi \cdot \dfrac{\varphi}{\varphi_u}\right) & s_c = \dfrac{h}{2} + \dfrac{h}{2} \cdot \cos\left(\pi \cdot \dfrac{\varphi}{\varphi_c}\right) \\[3mm] s' \equiv v_r = \dfrac{\pi \cdot h}{2 \cdot \varphi_u} \cdot \sin\left(\pi \cdot \dfrac{\varphi}{\varphi_u}\right) & s_c' = -\dfrac{\pi \cdot h}{2 \cdot \varphi_c} \cdot \sin\left(\pi \cdot \dfrac{\varphi}{\varphi_c}\right) \\[3mm] s'' \equiv a_r = \dfrac{\pi^2 \cdot h}{2 \cdot \varphi_u^2} \cdot \cos\left(\pi \cdot \dfrac{\varphi}{\varphi_u}\right) & s_c'' = -\dfrac{\pi^2 \cdot h}{2 \cdot \varphi_c^2} \cdot \cos\left(\pi \cdot \dfrac{\varphi}{\varphi_c}\right) \\[3mm] s''' \equiv \alpha_r = -\dfrac{\pi^3 \cdot h}{2 \cdot \varphi_u^3} \cdot \sin\left(\pi \cdot \dfrac{\varphi}{\varphi_u}\right) & s_c''' = \dfrac{\pi^3 \cdot h}{2 \cdot \varphi_c^3} \cdot \sin\left(\pi \cdot \dfrac{\varphi}{\varphi_c}\right) \end{array} \right. \tag{4}$$

Unde φ variază (ia valori) de la 0 la φ_0. J_{max} se produce pentru $\varphi = \varphi_0/2$.

Cu relația (5) se exprimă prima derivată a momentului de inerție mecanic redus. Acesta este necesar determinării accelerației unghiulare (6).

$$J^{*'} = M_c \cdot s_0 \cdot s' + M_c \cdot s \cdot s' + 2 \cdot m_T \cdot s' \cdot s'' +$$

$$+ M_c \cdot r_b \cdot \frac{\left[e \cdot s'' - 2 \cdot (s_0 + s) \cdot s'\right] \cdot \left[(s_0 + s)^2 + (s' - e)^2\right]}{\left[(s_0 + s)^2 + (s' - e)^2\right]^{3/2}} - \tag{5}$$

$$- M_c \cdot r_b \cdot \frac{\left[e \cdot s' - e^2 - (s_0 + s)^2\right] \cdot \left[(s_0 + s) \cdot s' + (s' - e) \cdot s''\right]}{\left[(s_0 + s)^2 + (s' - e)^2\right]^{3/2}}$$

Derivând formula (2), în funcție de timp, se obține expresia accelerației unghiulare (6).

$$\varepsilon = -\frac{\omega^2}{2} \cdot \frac{J^{*'}}{J^*} \tag{6}$$

Relațiile (2) și (6) utilizate și la capitolul anterior au un caracter general, și reprezintă practic două ecuații de mișcare originale extrem de importante pentru mecanică și mecanisme.

Pentru un mecanism cu camă de rotație și tachet (fără supapă) de translație cu rolă sau bilă, deplasarea dinamică a tachetului se exprimă cu relația (7) care a fost prezentată și dedusă în cadrul capitolului 9 (relația 134), iar acum se va particulariza prin anularea masei supapei, ajungând la forma de mai jos (7).

$$x = s - \frac{(K + k) \cdot m_T \cdot \omega^2 \cdot s'^2 + (k^2 + 2k \cdot K) \cdot s^2 + 2k \cdot x_0 \cdot (K + k) \cdot s}{2 \cdot (K + k)^2 \cdot \left(s + \dfrac{k \cdot x_0}{K + k}\right)} \tag{7}$$

Unde x reprezintă deplasarea dinamică a tachetului, în vreme ce s este deplasarea sa normală (cinematică). K este constanta elastică a sistemului, iar k reprezintă constanta elastică a resortului care ține tachetul. S-a notat cu x_0 pretensionarea (prestrângerea) resortului tachetului, cu m_T masa tachetului, cu ω viteza unghiulară a camei (sau a arborelui cu came), s' fiind prima derivată în funcție de φ a deplasării tachetului s. Derivând de două ori, succesiv, expresia (7) în raport cu unghiul φ, se obțin viteza redusă (relația 8) și respectiv accelerația redusă a tachetului (9).

$$
\begin{cases}
N = (K+k)\cdot m_T \cdot \omega^2 \cdot s'^2 + (k^2 + 2k\cdot K)\cdot s^2 + 2k\cdot x_0 \cdot (K+k)\cdot s \\[2mm]
M = \left[(K+k)m_T\omega^2 \cdot 2s's'' + \left(k^2 + 2kK\right)\cdot 2ss' + 2kx_0\left(K+k\right)\cdot s'\right]\cdot \\[2mm]
\quad \cdot \left(s + \dfrac{kx_0}{K+k}\right) - N\cdot s' \\[4mm]
x' = s' - \dfrac{M}{2\cdot(K+k)^2 \cdot \left(s + \dfrac{kx_0}{K+k}\right)^2}
\end{cases}
\tag{8}
$$

$$
\begin{cases}
N = (K+k)\cdot m_T \cdot \omega^2 \cdot s'^2 + (k^2 + 2k\cdot K)\cdot s^2 + 2k\cdot x_0 \cdot (K+k)\cdot s \\[2mm]
M = \left[(K+k)m_T\omega^2 \cdot 2s's'' + \left(k^2 + 2kK\right)\cdot 2ss' + 2kx_0\left(K+k\right)\cdot s'\right]\cdot \\[2mm]
\quad \cdot \left(s + \dfrac{kx_0}{K+k}\right) - N\cdot s' \\[4mm]
O = (K+k)\cdot m_T \cdot \omega^2 \cdot 2\cdot \left(s''^2 + s'\cdot s'''\right) + \\[2mm]
\quad + \left(k^2 + 2\cdot k\cdot K\right)\cdot 2\cdot \left(s'^2 + s\cdot s''\right) + 2\cdot k\cdot x_0 \cdot (K+k)\cdot s'' \\[4mm]
x'' = s'' - \dfrac{\left[O\cdot\left(s + \dfrac{kx_0}{K+k}\right) - N\cdot s''\right]\cdot\left(s + \dfrac{kx_0}{K+k}\right) - M\cdot 2\cdot s'}{2\cdot(K+k)^2 \cdot \left(s + \dfrac{kx_0}{K+k}\right)^3}
\end{cases}
\tag{9}
$$

În continuare se poate determina direct accelerația reală (dinamică) a tachetului utilizând relația (10).

$$
\ddot{x} = x''\cdot\omega^2 + x'\cdot\varepsilon
\tag{10}
$$

MODUL DE LUCRU:

Se dau următorii parametrii:

R_0=0.013 [m]; r_b=0.005 [m]; h=0.008 [m]; e=0.01 [m]; x_0=0.03 [m]; φ_u=π/2; φ_c=π/2; K=5000000 [N/m]; k=20000 [N/m]; m_T=0.1 [kg]; M_c=0.2 [kg]; n_{motor}=5500 [rot/min].

Utilizând relațiile anterioare să se calculeze parametrii din tabelul de mai jos.

Dinamica la cama clasică (legea de mișcare cosinusoidală)									
φ [deg]	0	10	20	...	φ_u	0	10	...	φ_c
s [m]									
s' [m]									
s'' [m]									
s''' [m]									
ω^2 [s^{-2}]									
ε [s^{-2}]									
x [m]									
x' [m]									
x'' [m]									
$\ddot{x}$ [ms^{-2}]									

Sinteza dinamică.

Pentru a se realiza o sinteză dinamică, pe baza unui program de calcul, se pot varia datele de intrare până când se obține o accelerație corespunzătoare (vezi figura 2). Se sintetizează apoi profilul corespunzător al camei (figura 3) utilizând relațiile (11).

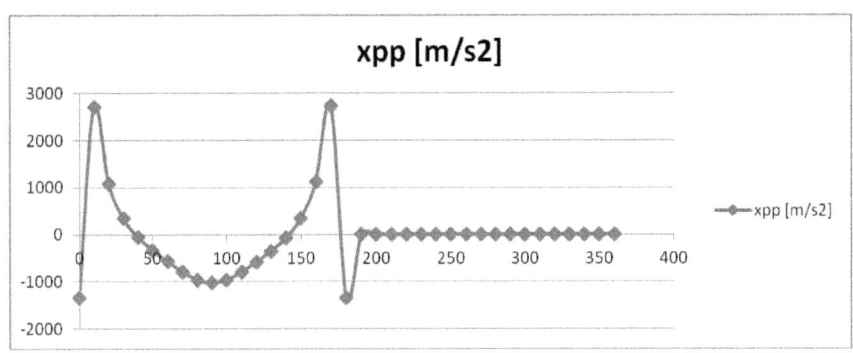

Fig. 2. *Analiza dinamică a camei (diagrama accelerațiilor)*

$$\left\{\begin{array}{l}\left\{\begin{array}{l} x_T = -e - r_b \cdot \sin \, \delta \\[2ex] y_T = (s_0 + s) - r_b \cdot \cos \, \delta \end{array}\right. \\[8ex] \left\{\begin{array}{l} x_C = x_T \cdot \cos \, \varphi - y_T \cdot \sin \, \varphi \\[2ex] y_C = x_T \cdot \sin \, \varphi + y_T \cdot \cos \, \varphi \end{array}\right. \\[8ex] \left\{\begin{array}{l} x_C = (-e - r_b \cdot \sin \, \delta) \cdot \cos \, \varphi - [(s_0 + s) - r_b \cdot \cos \, \delta] \cdot \sin \, \varphi \\[2ex] y_C = (-e - r_b \cdot \sin \, \delta) \cdot \sin \, \varphi + [(s_0 + s) - r_b \cdot \cos \, \delta] \cdot \cos \, \varphi \end{array}\right. \end{array}\right. \quad (11)$$

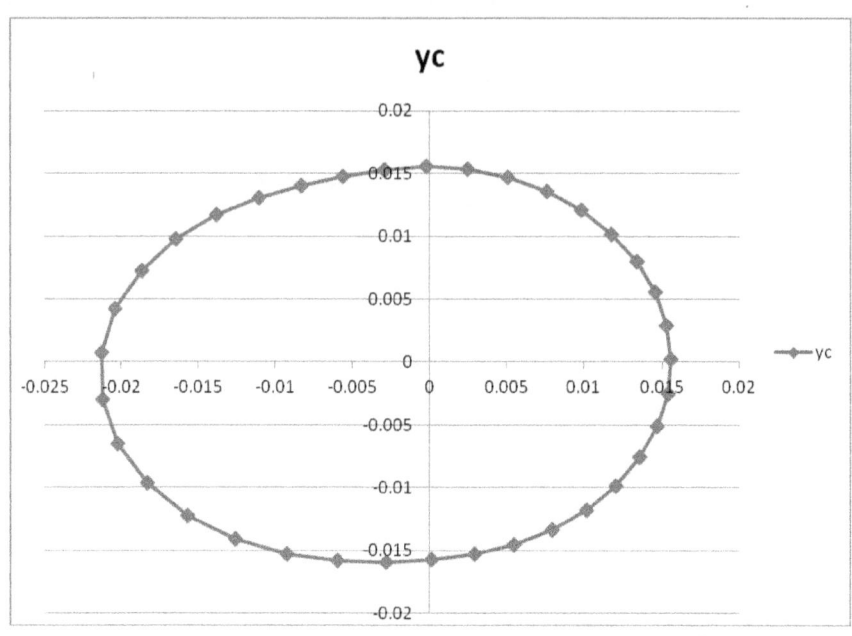

Fig. 3. *Profilul camei rotative cu tachet translant cu rolă*

$r_b=0.003$ *[m]; e=0.003 [m]; h=0.006 [m]; r_0=0.013 [m]; φ_0=π/ 2 [rad];*

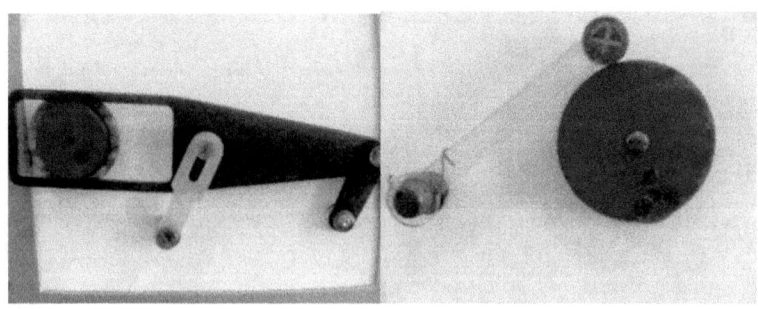

www.ingramcontent.com/pod-product-compliance
Lightning Source LLC
Chambersburg PA
CBHW051510170526
45166CB00001B/462

* 9 7 8 1 4 7 0 0 2 4 3 6 9 *